幻灯之美——PPT 设计艺术(基础篇)

李发展　编著

北京航空航天大学出版社

内 容 简 介

本书采用趣味性的对话来引导课程内容的走向,并通过丰富的实例、大量的配图、直观的操作步骤,向读者形象地讲解了 PPT 入门基础、PPT 文字排版技巧、PPT 图文的灵活应用、PPT 表格设计、PPT 动画设计及视频等知识点。

本书读者对象为想要提高办公效率的职场新人、日常与 PPT 为伴的行政人员、经常使用 PPT 的职场达人,以及相关培训机构和各大院校相关专业师生。

图书在版编目(CIP)数据

幻灯之美 : PPT 设计艺术. 基础篇 / 李发展编著
. -- 北京 : 北京航空航天大学出版社,2023.12
ISBN 978 - 7 - 5124 - 4291 - 7

Ⅰ. ①幻… Ⅱ. ①李… Ⅲ. ①图形软件 Ⅳ.
①TP391.412

中国国家版本馆 CIP 数据核字(2024)第 008221 号

幻灯之美——PPT 设计艺术(基础篇)

李发展 编著

策划编辑 杨晓方 责任编辑 杨晓方

*

北京航空航天大学出版社出版发行

北京市海淀区学院路 37 号(邮编 100191) http://www.buaapress.com.cn
发行部电话:(010)82317024 传真:(010)82328026
读者信箱:copyrights@buaacm.com.cn 邮购电话:(010)82316936
北京富资园科技发展有限公司印装 各地书店经销

*

开本:787×1 092 1/16 印张:16.75 字数:429 千字
2024 年 3 月第 1 版 2024 年 3 月第 1 次印刷
ISBN 978 - 7 - 5124 - 4291 - 7 定价:79.00 元

前　　言

编写本书的目的

2003 年 3 月,我在厦门一家电脑培训机构担任办公软件的讲师,为初入职场的学员讲解 PowerPoint 软件的使用,由于当时可选用的 PowerPoint 教材非常少,经常自己整理、制作一些配套教学素材。

目前,市场上 PPT 教材书籍琳琅满目,可归为两个流派:操作派和设计派。其中 90％的 PPT 书籍都是属于操作派的教程。在这类的教程里,作者会详细地列出每一步操作所需要的参数,只要把数值设置对了,就能做出和教程一模一样的效果。但是这些教程不会告诉读者为什么要那么做。

另外,10％的称之为设计派的教程会告诉读者设计、排版方面的基本原理和技巧,以及如何利用这些技巧设计精美的幻灯片,并且还会提供原稿和设计稿的对比图,但这个流派的教程又过于"清高",似乎不屑于向读者讲解原稿到设计稿之间的具体步骤。

如果能将这两个流派的理念结合在一起,那么不仅可以学习 PPT 设计理论,还可以马上动手实践这些技巧,从而更好地将 PPT 设计理论融会贯通,达到学以致用的目的。我们这本教材不仅向读者细致讲解 PPT 设计原则和技巧,还会耐心讲解应用这些设计原则和技巧的每一步操作,让读者学得省心、学得放心,学有所成!

本书特点

从零开始:无论读者是否接触过 PowerPoint,都能从本书获益,快速掌握软件操作方法。

强调设计:详细讲解如何美化 PPT 中的文字、图片、形状、表格、图表、动画等元素。

真实案例:全书内容均以真实案例为主线,在此基础上适当扩展知识点,使读者真正实现学以致用。

情景对话:通过老师和小王两个人物的趣味对话,把相应的 PPT 设计知识点融入情景对话当中,降低 PPT 设计和制作的学习难度,让初学者更加容易理解。

原理图解:为复杂的原理讲解配有生动、形象的思维导图,以帮助读者轻松理解相关的概念。所有实例的每一步操作,均配有对应的插图和注释,以便读者在学习过程中能够直观、清晰地看到操作过程和效果,提高学习效率。

配套资源:本书有配套的互动教程和视频教程,购买本书的读者可凭购买凭证联系客服:QQ 3068527144 免费获取,以方便读者扩展学习。

本书人物

小王：原名王家伟，公司职员，急于寻找高效制作精美 PPT 的方法。

老师：原名李皓，办公软件相关课程的资深老师，拥有十多年的 PowerPoint、Excel 和 Word 软件的教学经验。

读者对象

本书适合急需提高办公效率的职场新人、日常与 PPT 为伴的行政人员、视 PPT 为生命的项目经理、渴望升职加薪的职场老将，同时还可以作为相关培训机构和高等院校相关专业的教学用书。

练习素材

本书每节示例的源 PPT 和编辑后的 PPT 可以通过如下地址获得：
http://hdjc8.com/download.html。

勘误和支持

如果您遇到有关 PowerPoint 版本兼容性的问题请联系我们，我们会发布更新并进行修改。

如果您对本书的内容有任何建议，或发现了本书的一些谬误，希望尽快联系我们，这将对提高本书的后续版本质量有很大的帮助。我们非常愿意听取任何能使本书变得更加完善的宝贵建议，并会不断改进让本书更加完美。

如果您有关于本书的任何评论或者疑问，请联系客服，其 QQ 号为 3068527144，也可以致信编者邮箱：fzhlee@163.com。

致 谢

感谢北京航空航天大学出版社相关人员给予的支持和帮助，为推动本书出版付出的心血。感谢互动教程网的小伙伴、广大读者朋友及时提出的各种反馈建议。

感谢冉玉玲、李爱民、谢美仙、李晓飞、朱娟、李红梅、翟海岗、金善众、蔡银珠、金依灵、郑大翰、戴永威、李天阳、金展弘、郑智鑫、胡涛、邓义忱、方木之易、洪焕宇、甘训泓、朱夏楷等在我写作过程中给予的支持和鼓励！感谢我的爱人金兵兵女士耐心帮忙校对书稿并提出改进意见！感谢儿子李金诚、女儿李开颜时常带给我新的见解和创意，愿你们健康快乐成长，用自己的努力，去实现人生的一个个梦想！

最后，感谢这个时代，给予每位有理想的人实现人生价值的机会！

编 者
2023 年 11 月 30 日

目 录

第5章　动画:精美动画不用愁　/213

先导：认识 PowerPoint 第 1 章

您将在本章收获以下知识：

❶ 演示文稿的用途和组成结构

❷ 启动 PowerPoint 并创建和放映幻灯片

❸ 如何删除、复制和隐藏幻灯片

❹ 如何将幻灯片保存为 PDF 文档

❺ 如何将演示文稿保存为视频格式的文件

❻ 如何使用备注功能对内容进行注释补充

❼ 如何通过格式刷将样式快速复制到其他对象

❽ 如何通过主题功能对幻灯片的配色进行优化

......

1.1　关于 PowerPoint 和演示文稿

 老师好！我是互程科技公司的一名工作人员,在日常工作中经常需要制作幻灯片,可是我对自己做的幻灯片总是不满意。每当看到同事幻灯片设计得那么精美,总是很羡慕!

哈哈！那是因为你接触 PowerPoint 软件的时间还比较短,小王。
而且你没有接受过系统的 PowerPoint 学习,还不了解幻灯片设计的一些原则和技巧。

 原来是这样啊,老师。那么我该怎么学习才能提高我的幻灯片制作水平,好期待能做出一份优秀的 PPT!

嗯,漂亮的 PPT 不仅能够得到同事和领导的认可,成为升职加薪的巨大助力,还可以快速、准确地向观众表达演讲者的思想和用意。
一份设计精美的 PPT 能够节省观众的时间、激发他们的兴趣、打动他们的心灵,从而能够更好地说服观众。

下面,我将分享一些实用的 PPT 设计技巧和设计原则:
● 美文、美图、美表和动画方面的设计技巧类似于武学中的外功,是可以拿来即用的,能够让你快速设计出精美的幻灯片。
● 当然少不了幻灯片设计理论和排版原则,这些是你自由设计幻灯片的理论支撑和灵感源泉!
当然一切还要从最基本的 PowerPoint 软件的使用开始。

1.1.1　什么是 PowerPoint

　　PowerPoint 简称 PPT,是 Microsoft Office 办公应用套件的一部分,该套件还包括 Microsoft Access、Excel、Outlook 和 Word 等软件。

　　Office 套件中的应用程序旨在方便使用者协同工作,以提高办公效率。当然可以安装 Office 办公套件中的一个或多个应用。

　　PowerPoint 诞生之初,便以其功能强大、容易使用、应用范围广等诸多特点迅速普及,成为办公软件中必不可少的"重要成员"。

PowerPoint 最初版本的界面如图 1-1-1 所示,它的发明者不是微软,而是企业家罗伯特·加斯金斯,他以 1 400 万美元的价格将 PowerPoint 软件卖给了微软。

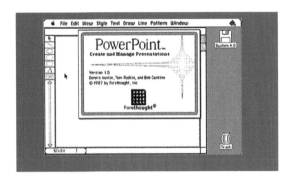

图 1-1-1　PowerPoint 1.0 版界面

关于 PowerPoint 的一些趣闻:

● PowerPoint 最早发布于 1987 年,那时它的名字并不是 PowerPoint,而是以 Presenter 的名义首次发布。由于版权原因,后来不得不更名为 PowerPoint。
● PowerPoint 是加斯金斯在早晨洗澡时,头脑突然闪过的一个词。
● 苹果曾和微软共同竞购 PowerPoint 软件 ,只是当时苹果公司迟迟没有敲定报价,最终 PowerPoint 花落微软。
● PowerPoint 最早只可在苹果 Macintosh 电脑上使用,无法在 Windows 电脑上工作。
● 1992 年,基于 Windows 的 PowerPoint 3.0 诞生,其当年的全球销售额就超过一百万份,在 17 个演示软件的竞争者中脱颖而出,占领了 63% 的市场份额。
● 目前,全球有超过 5 亿人使用 PowerPoint。

与 PowerPoint 的演示文稿有关的趣闻:

● 大多数观众认为最佳演示文稿的长度约为 10 张幻灯片。
● 每一秒,全世界都会启动 350 多个 PowerPoint 演示文稿,每天总共进行大约 3 000 万次演示!
● 观众的注意力通常只有 10 min,因此建议在演讲开始时先提及演示文稿中有趣的部分,然后再详细讲述。
● 对于普通员工来说,准备演示文稿平均需要 2 h。
● 对于优秀的演示文稿来说,一张 PowerPoint 幻灯片不应超过 120 个字。
● 要让观众喜欢您的幻灯片,那么文字内容不应超过 1/4 的版面。
● 100% 的观众认为幻灯片应该包含图片、插画、视频等视觉效果元素。
● 一项国际研究发现,只是阅读幻灯片上的文字,是演示中比较烦人的事情。

大多数观众认为演示文稿中的**故事**,是演讲中最重要和最难忘的部分。因此一个好的故事,是演示文稿内容的一个重要组成部分。

1.1.2　PowerPoint 的用途

随着网络技术的不断进步,纸质文件的发言稿已经变得太落后,现在网络会议、商务洽谈等大都使用 Microsoft Office PowerPoint 演示文稿进行演示。

> 老师,PowerPoint 在办公领域真是用途广泛,我和很多同事每天都需要借助 PowerPoint 来完成工作内容。

> 小王,PowerPoint 就是用来 Power your Point (加强您的观点)! 只要向其他人展示、分享或推广你的数据、知识、产品或其他有价值的内容,都可以借助 PowerPoint 来实现。

PPT 正成为人们生活工作的重要组成部分,如图 1-1-2 所示,利用 Microsoft Office PowerPoint 不仅可以创建演示文稿,还可以在互联网上召开面对面会议、远程会议或在网上给观众展示演示文稿。

图 1-1-2　PPT 是各行各业不可或缺的重要工具

PowerPoint 一般配合投影仪或大型液晶显示器使用,在各个办公领域都具有举足轻重的地位,甚至还可以用来制作自媒体。

- **工作汇报**:给上级领导做工作总结 PPT、成果汇报 PPT。
- **公司及产品介绍**:PPT 的图形化、动画式的表达,在商务场合显得越发重要,一份视觉美观、逻辑清晰的 PPT,能够有效提升公司形象及推广产品和服务。
- **招商引资**:无论是重要的政府招商会议,还是企业间的招投标竞争,都需要一份"高颜值"的 PPT,精致、生动的 PPT 有助于充分展现您的优势,赢得投资。
- **教学课件**:随着现代教育技术的广泛应用,多媒体课件的设计和制作越来越成为教师普遍掌握的教学技能。

- **项目申报及评奖**:想在项目申报、奖项评选活动中拔得头筹,一份精心策划和准备的 PPT 一定能助你一臂之力。
- **商务演示**:无论是股东大会上在数百人面前演讲,还是销售会议上被要求在一群销售代表面前发言,您都需要一份 PPT 的帮助。
- **销售演示**:创建有效的、令人印象深刻的销售演示文稿不再是一项挑战。通过销售演示 PPT 可让客户更加了解产品,获得销售机会,强化客户价值管理。
- **培训讲座**:在培训或讲座过程中,PowerPoint 对于希望通过幻灯片来加强观点的老师或者会议发言人来说非常有用。

1.1.3　演示文稿的组成结构

老师,使用 PowerPoint 创建的作品称为演示文稿,那么演示文稿究竟是什么呢,它是由什么组成的?

演示文稿对于 PowerPoint 来说,犹如 Word 的文档或 Excel 的工作簿。你创建的每个演示文稿都可作为单独的文件保存在硬盘上。从结构上来说,就像 Excel 的工作簿是由一到多张工作表组成一样,PowerPoint 演示文稿由一到多张幻灯片组成,如图 1-1-3 所示。

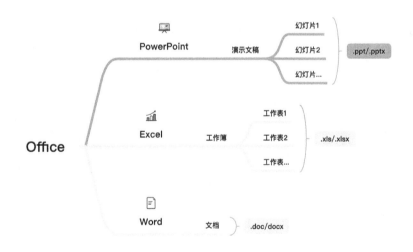

图 1-1-3　Power Point 演示文稿组成

2007 之前的 PowerPoint 使用扩展名.ppt 保存演示文稿,而不是.pptx。新的扩展名末尾的 x 表示基于开放的 XML 标准数据格式,可以更轻松地在不同程序之间使用 PowerPoint 演示文稿。

从外观上来说,就像样式表和模板控制 Word 文档的外观一样,演示文稿中的幻灯片的外观,是由下面的项目共同控制的,如图 1-1-4 所示:

- **幻灯片母版**:幻灯片母版是控制演示文稿中所有幻灯片的基本设计选项的特殊幻灯片。幻灯片母版可以包含您希望出现在每张幻灯片上的图形和文本对象,这有助于确保幻灯片具有一致的外观。
- **幻灯片版式**:每张幻灯片都有一个幻灯片版式,用于控制信息在幻灯片上的排列方式。幻灯片版式是一个或多个占位符的集合,占位符可以包含文本、图形、剪贴画、声音或视频文件、表格、图表或其他类型的内容。
- **背景**:每张幻灯片都有一个背景,背景可以是纯色、渐变、纹理或图像文件。
- **主题**:主题是设计元素的组合,例如配色方案和字体。

从内容上来说,就像 Word 文档是由文字、段落、图片、表格等元素构成的一样,可以通过添加以下任何元素来组成一张幻灯片。

- **标题和正文**:大多数幻灯片版式都包含标题和正文的占位符。可以在这些占位符中键入所需的任何文本。
- **文本框**:通过绘制文本框,然后键入文本,在幻灯片的任何位置添加文字内容。
- **形状**:可以使用 PowerPoint 的绘图工具为幻灯片添加各种形状。可以使用预定义的自选图形,例如矩形、圆形、星形等,或创建自己的形状。
- **插图**:可以将剪贴画、照片和其他图形元素插入到您的幻灯片。PowerPoint 附带了大量可供您使用的剪贴画,当然您也可以插入自己图片库中的照片。
- **图表**:PowerPoint 可提供一个称为 SmartArt 的图表功能,可创建几种常见类型的图表,包括组织结构图、循环图等。此外,还可以插入饼图、折线图或条形图以及许多其他类型的图表。

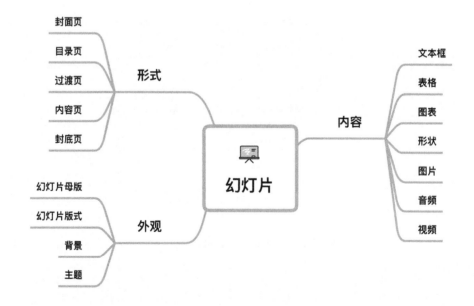

图 1-1-4　幻灯片的组成

- **视频和音频**：可以将视频或音频文件添加到幻灯片中。您还可以添加背景音乐或自定义旁白。

从形式上来说，一个相对完整的 PPT 应该包括 封面页、目录页、过渡页、内容页、封底页等内容。

1.1.4 演讲中的三三法则和演示文稿

有了演示文稿之后，接下来就是演讲的环节了，请问老师，演示文稿和演讲如何能够有效结合起来？

演讲者期待一个完美的演讲，聆听演讲的观众也期待能够带来惊喜的演讲。所以小王，你要想成功完成一场演讲，请一定谨记三三法则。

三三法则中的第一个三表示三个阶段：演讲前、演讲中和演讲后，后一个三表示各阶段需要谨记的三要素，如图 1-1-5 所示。

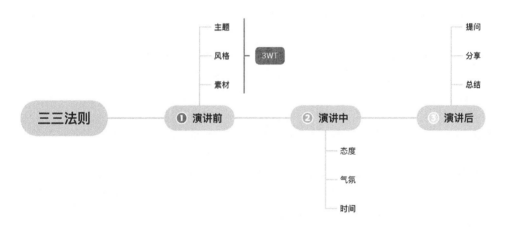

图 1-1-5 三三法则

1. 演讲前

- **主题**：每一份演示文稿都是演讲者的心血，所谓台上一分钟、台下十年功，因此演讲者必须确立此次演示的主题。
- **风格**：有了主题就可以确定演示文稿的风格了，如果报告对象是政府机关，演示文稿应该严肃和认真；报告对象是教育机构，那么可以多点活泼的内容。
- **素材**：确定了演示文稿的主题和风格之后，接着就需要搜集和整理制作演示文稿所需的素材，素材的整理可以借助 3WT 原则来完成。

3WT 原则是 Why，Who，What 和 Time 的简称，如图 1-1-6 所示。

- **Why-弄清目的**：第一要务是厘清演讲的目的。弄清楚演讲的目的，就能掌握必须达

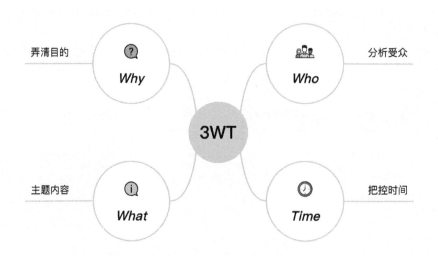

图 1 - 1 - 6　3WT 原则

成的目标以及提供给听众的价值。

● **Who -分析受众**：如果没有事先掌握听众人数、立场、性别等资料，就难以了解观众的期望是什么，也无法策划演讲和构思架构。

● **What -主题内容**：演讲者必须整理出必要的资料与信息，思考达成目标的流程。此外还要确认与演讲环境有关的事项，例如使用何种工具等。

● **Time -把控时间**：确认演讲可以使用的时间，根据时间的限制决定演讲内容的优先顺序，保留必要的资料，去除非必要的内容。

2. 演讲中

● **态度**：演讲者在演讲的过程中要始终保持积极的态度，具体表现包括充满信心的言语、恰当的音量和语速、适当运用手势、自然的面部表情、眼神交流等。

● **气氛**：演讲者控场的最高境界，在于营造一个让听众与自己完全融为一体的氛围，并确保这个氛围的"总开关"在自己手中。演讲者如果对自己的演讲胸有成竹，所散发出的那份自信会对听众产生一定的威慑作用。

● **时间**：本来打算 30 min 才结束的演讲，结果 15 min 就讲完了，接下来的时间就完全抓瞎了。或者原本 30 min 就应该结束的演讲，你却还在滔滔不绝，大部分听众都已经是哈欠连连。解决这个问题最好的两个方法是：准备两份演示文稿，一份精简版，一份详细版。提前试讲，把握节奏。

3. 演讲后

● **提问**：演讲后的一个重点是公开提问，以便您可以与听众进行更多的互动。成功的演讲者鼓励大家反馈，听众会非常注意演讲者对他们说的话，并以兴趣十足和非常开放的心态聆听。

● **分享**：不要用过火的方式出售产品或知识，而是要分享对它们的想法。这会使演讲看起来更加真实，并更能让听众接受您所提供的内容，成功的诀窍在于取与舍之间的平衡。

● **总结**：检讨受众的反应、演讲的时间分配、演示文稿质量等方面的问题,借此改善下一次的演讲。

只要演讲者按照三三法则来设计演示文稿,那么相信离成功就真的不远了!

在商业交易中,魅力很重要。演讲的目的和作用在于打动听众,使听众对演讲者的观点或态度产生理解或认可。

PowerPoint 演示文稿作为具有特定目的的讲话稿,一定要具有说服力和感染力。

1.2　PowerPoint 的基础操作

老师,通过上一个章节的讲解,我已经对 PowerPoint 及其用途有了深刻的认识,那么现在可制作漂亮的幻灯片了吗?

工欲善其事,必先利其器!

小王,学习和提高 PowerPoint 水平,掌握逻辑结构、审美素质和视觉设计能力固然重要,但对 PowerPoint 的界面和操作没有熟悉的认识,无异于揠苗助长、空中楼阁。

1.2.1　启动 PowerPoint 并创建和放映幻灯片

本小节演示如何打开 PowerPoint 软件,并创建和放映一份演示文稿。

小王,通过本节的学习,你可以掌握如何创建演示文稿,如何制作一份简单的幻灯片以及如何放映制作好的演示文稿。

❶ **打开 PowerPoint**：首先单击电脑屏幕左下角的 Windows 图标,打开开始菜单。然后单击程序列表右侧的垂直滚动条,定位到 PowerPoint 软件所在的位置。单击 PowerPoint 程序的名称,即可打开该软件,如图 1－2－1 所示。

❷ **添加桌面快捷方式**：为了以后更加方便地使用 PowerPoint,可以向上方拖动开始菜单中的 PowerPoint,将它移到桌面上。这样只需要双击桌面上的应用图标,即可快速启动 PowerPoint 软件,如图 1－2－1 所示

❸ **新建演示文稿**：当软件打开之后,会进入后台(**Backstage**)视图。后台视图的上半部分是新建功能列表,单击如图 1－2－2 所示的空白演示文稿缩略图,即可创建一份空白的演示文稿。

此时会进入 PowerPoint 工作界面,如图 1－2－3 所示。新的演示文稿已经包含了一张幻灯片,并且该幻灯片拥有两个文本框。

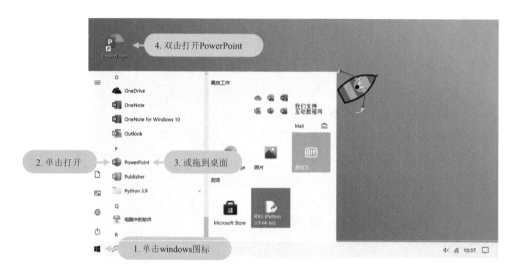

图 1-2-1　开始菜单

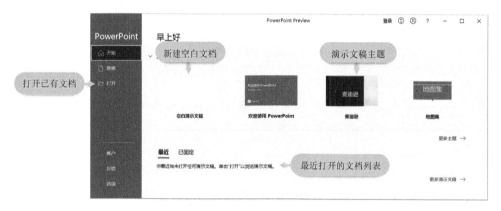

图 1-2-2　后台视图

图 1-2-3　新的演示文稿

上面的文本框是标题文本框，可以在该文本框里输入幻灯片的标题。下面的文本框是副标题文本框，可以在该文本框里输入幻灯片的副标题。

PowerPoint 工作界面包含多个功能区，它们为 PowerPoint 幻灯片的设计和制作提供了各自的功能，如图 1－2－3 所示。

PowerPoint 的界面主要由以下几个部分组成：

- **快速访问工具栏**：带有四个常用命令：保存、撤销、重复和从头开始放映。
- **选项卡区域**：每个选项卡包含不同的功能，它们共同组成了 PowerPoint 软件的所有命令。
- **功能区域**：单击每个选项卡，会显示该选项卡对应的功能区域，包含该选项卡的所有命令。
- **幻灯片窗格**：包含了演示文稿中的所有幻灯片的缩略图，通过该窗格可以快速跳转到任意幻灯片，或调整幻灯片的顺序。
- **状态栏**：主要显示了正在编辑的幻灯片的信息，包括正在编辑的幻灯片在整个演示文稿中的序号，以及编辑文档使用的输入法是中文还是英文。
- **幻灯片编辑窗口**：作为编辑幻灯片的主要窗口，它可以在普通视图中显示幻灯片，或者在幻灯片浏览视图中显示幻灯片的位置。
- **视图按钮**：您可以单击视图按钮切换到（从左到右）普通视图、幻灯片浏览视图、阅读视图和幻灯片放映视图。
- **缩放控件**：用于放大或缩小幻灯片视图的工具。

❹ **编辑幻灯片**：单击位于上方的标题标题文本框，将光标移到该文本框内。在光标位置输入：**双 11 活动策划案**，如图 1－2－4 所示。在位于下方的副标题文本框里，将光标移到该文本框内。例如，在光标位置输入 **策划人：李发展**。

现在已经完成了一份最简单的幻灯片，接着来放映这张幻灯片。

❺ **放映幻灯片**：首先单击**幻灯片放映**选项卡，显示幻灯片放映功能面板。然后单击**从头开始**命令，从第一张幻灯片开始放映整个演示文稿。

图 1－2－4　编辑幻灯片

幻灯片的放映是以全屏模式进行的，如图 1－2－5 所示。当要结束幻灯片的放映时，可以使用键盘上的 **Esc** 键。

从头开始放映幻灯片的快捷键是：**F5**。
从当前幻灯片开始放映的快捷键是：**Shift＋F5**。

双11活动策划案

策划人：李发展

图 1 - 2 - 5　幻灯片的放映

当完成对演示文稿的编辑之后,需要及时保存演示文稿。

❻ **保存演示文稿**：单击 PowerPoint 界面左上角的保存图标。然后在打开的另存为页面,单击**浏览**命令,如图 1 - 2 - 6 所示。在打开的**另存为**窗口中,双击某个文件夹,将演示文稿保存到这个文件夹中。接着输入演示文稿的名称。最后单击右下角的**保存**按钮,完成演示文稿的保存。

如果您尚未将文件保存到电脑,则将被重定向到后台视图中的**另存为**页面,如图 1 - 2 - 6 所示。在这里有几个选项可用于保存演示文稿：

● **最近**：让您从最近存储演示文稿的位置中进行选择。

● **OneDrive**：允许您将文件保存在 OneDrive 存储中。

● **这台电脑**：允许您将文件保存在计算机上的磁盘位置。

● **添加位置**：允许您添加其他云位置,以便您轻松找到它们。

● **浏览**：让您直接浏览到要保存文件的位置。

图 1 - 2 - 6　保存演示文稿

您至少有三种保存文档的方法：

● 单击快速访问工具栏上的**保存**按钮。

● 单击**文件**选项卡,以切换到后台(Backstage)视图,然后选择**保存**。

● 使用快捷键 **Ctrl＋S** 或者 **Shift＋F12**。

1.2.2　PowerPoint 的选项卡

老师，PowerPoint 的选项卡有好多，数了数共有十个选项卡。我需要将这些选项卡里的功能全部学会吗？

你不用担心，设计精美的幻灯片并不需要掌握所有选项卡里的所有功能，我会在后面的课程中讲解绝大多数常用的命令。

我们先浏览一下这些选项卡的主要功能，以对它们有个概括认识。

❶ 开始选项卡：PowerPoint 的开始选项卡，包含了很多最常用的命令。由剪贴板、幻灯片、字体、段落、绘图和编辑 6 个功能组构成，如图 1-2-7 所示。

图 1-2-7　开始选项卡

❷ 插入选项卡：使用插入选项卡，可以往演示文稿中插入幻灯片、表格、图像、插图、应用程序、链接、批注、文本、符号、媒体等元素，如图 1-2-8 所示。

图 1-2-8　插入选项卡

❸ 设计选项卡：使用设计选项卡，可以快速设置幻灯片的主题样式、幻灯片大小。该功能区域由主题、变体和自定义 3 个功能组组成，如图 1-2-9 所示。

图 1-2-9　设计选项卡

❹ 切换选项卡：拥有大量的幻灯片切换动画，使用这些切换样式，可以使幻灯片之间的切换效果更加平滑、炫丽，如图 1-2-10 所示。

图 1-2-10　切换选项卡

13

❺ **动画选项卡**：主要服务于幻灯片中的各种元素，它可以给幻灯片中的文字、图像、图标、表格、图表等素材添加各种神奇的动画效果，如图1-2-11所示。

图1-2-11　动画选项卡

❻ **幻灯片放映选项卡**：拥有和幻灯片放映相关的所有功能。通过这个功能面板，您可以设置幻灯片的放映属性，或录制和排练幻灯片的放映，如图1-2-12所示。

图1-2-12　幻灯片放映选项卡

❼ **审阅选项卡**：包含语言校对、简繁转换、翻译和批注等辅助性的功能，如图1-2-13所示。

图1-2-13　审阅选项卡

❽ **视图选项卡**：通过普通视图、大纲视图、幻灯片浏览、备注页和阅读视图，可以对演示文稿进行浏览和编辑。还可以用来设置母版，以提高幻灯片的制作效率，如图1-2-14所示。

图1-2-14　视图选项卡

❾ **录制选项卡**：使用录制选项卡，可以通过麦克风和摄像头录制演示文稿，并捕获旁白、幻灯片排练时间和墨迹笔势，如图1-2-15所示。

图1-2-15　录制选项卡

帮助选项卡：主要提供幻灯片的各种制作技巧，如图1-2-16所示。

图 1 - 2 - 16　帮助选项卡

● 当你单击图标旁边的帮助选项卡时，可以显示相关的选项列表。
● 功能区往往包含多个命令组，各组以灰色竖线|分隔。
● 当打开某个命令组右下角的选项卡时，可以打开相应的设置窗口。

1.2.3　如何添加幻灯片和修改幻灯片的版式

老师，在我看来 PowerPoint 的幻灯片就像画布一样，在我构思完幻灯片的版面之后，是不是就可以在幻灯片上自由添加文字、图片等对象？

这个比喻非常恰当，小王！

演示文稿是由一张或多张的幻灯片组成的，你可以将幻灯片看作一张用来放置文字、图片、表格等元素的画布。

现在你将学习往演示文稿中增加幻灯片，以及修改幻灯片的版式。

❶ **新建幻灯片**：打开**开始**选项卡，单击**新建幻灯片**命令，可以显示幻灯片版式面板，如图 1 - 2 - 17 所示。从版式面板中选择一种幻灯片的版式。

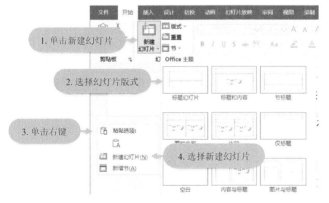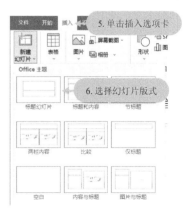

图 1 - 2 - 17　新建幻灯片

❷ **新建幻灯片**：单击幻灯片的缩略图区域，可以打开幻灯片功能菜单。选择菜单中的**新建幻灯片**命令，也可以创建一张新的幻灯片。新的幻灯片的版式和上一张幻灯片的版式相同。（新建第三种幻灯片的方式，是使用快捷键 Ctrl＋m。）

❸ **修改版式**：如果需要修改幻灯片的版式，可以单击**版式**下拉箭头，打开幻灯片版式面板。将当前的幻灯片，修改为标题和内容版式，如图 1-2-18 所示。

图 1-2-18　修改版式

幻灯片版式是预先格式化的幻灯片设计，可帮助您输入文本、图形和其他内容。一些版式具有用于输入标题和文字的文本占位符的功能；有些带有内容占位符框架，是专为插入表格、图表、图片或媒体剪辑而设计的。

1.2.4　如何打开之前编辑过的演示文稿

我们经常需要打开之前创建的演示文稿，然后对这份演示文稿进行再次的编辑或执行诸如分享、打印之类的操作。本节即演示如何打开以前创建的演示文稿。

❶ **打开历史演示文稿**：首先单击**文件**选项卡，进入文件功能页面。在左侧的菜单列表中，单击**打开**命令。在右侧的历史文件列表中，显示了最近编辑过的演示文稿，您可以单击这些文稿，即可快速打开它们，如图 1-2-19 所示。

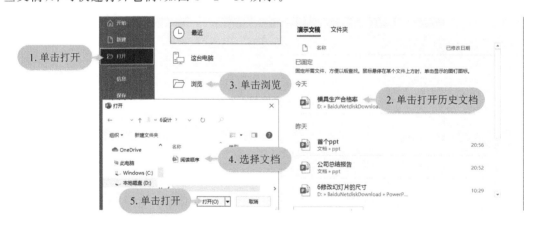

图 1-2-19　浏览演示文稿

❷ **快速打开**：使用键盘上的快捷键 **Ctrl+o**，可以快速打开演示文稿。

❸ **浏览演示文稿**：如果在历史文件列表中，无法找到所需的演示文稿，可以单击**浏览**命

令。在打开的文件夹窗口中，双击文件夹，查看该文件夹下的内容。当找到所需的演示文稿时，只需双击演示文稿的名称，即可快速打开该文稿。

PowerPoint 的左上角是快速访问工具栏，您可以将经常使用的命令添加到工具栏上。

❹ **自定义快速访问工具栏**：单击**自定义快速访问工具栏**右侧的下拉箭头，打开自定义快速访问工具栏菜单。选择菜单中的**打开**命令，将该命令添加到快速访问工具栏。此时，单击新增的打开图标，即可快速进入打开功能页面，如图 1 - 2 - 20 所示。

图 1 - 2 - 20   自定义快速访问工具栏

默认情况下，快速访问工具栏包含保存、撤销和重做命令的按钮。如果您经常使用分散在各个选项卡上的一些命令，并且不想在选项卡之间切换而访问这些命令，可以将这些命令添加到快速访问工具栏，以便快速访问。

1.2.5   如何删除、复制和隐藏幻灯片

老师，我的演示文稿里包含了产品信息、促销信息和技术规格方面的幻灯片，可是我在放映幻灯片时，需要根据演讲对象隐藏非必要显示的内容，请问该如何操作呢？

这个很简单哦，小王！
你可以将不需要放映的内容隐藏起来，如果向销售人员放映演示文稿，可以隐藏技术规格相关的内容。如果向技术人员放映，可以隐藏促销信息内容。这样就不需要制作两份单独的演示文稿了。

本节演示如何删除、复制和隐藏幻灯片，这些操作都可通过幻灯片的缩略图实现。

❶ **增加缩略图尺寸**：在幻灯片缩略图区域右侧的分界框上按下鼠标，向右拖动以增大幻灯片缩略图的尺寸。

❷ **打开幻灯片**：单击一个幻灯片缩略图，即可打开这张幻灯片。

❸ **选择多张幻灯片**：单击选一个幻灯片。在按下 **Shift** 键的同时，单击另一个缩略图，可以同时选择两张幻灯片之间的所有幻灯片。

❹ **删除幻灯片**：单击所选幻灯片的上方，打开右键菜单。选择菜单中的**删除幻灯片**命

令,可以删除所选的幻灯片,如图 1-2-21 所示。

图 1-2-21　删除幻灯片

选择一张幻灯片:单击该幻灯片的缩略图。

选择不连续的幻灯片:按住 **Ctrl** 键并单击需要选择的其他张幻灯片。

连续选择多张幻灯片:先单击第一张幻灯片,然后按住 **Shift** 键,单击最后一张。

选择所有幻灯片:单击幻灯片缩略图窗口的空白位置,然后按 **Ctrl+a**。

❺ **复制幻灯片**:在幻灯片缩略图上单击鼠标的右键,再次打开右键菜单。**复制幻灯片**命令,即可以复制当前的幻灯片,如图 1-2-22 所示。

图 1-2-22　复制幻灯片

❻ **调整幻灯片顺序**:在幻灯片的缩略图上按下鼠标,然后向上方或向下方拖动调整幻灯片的顺序,如图 1-2-23 所示。

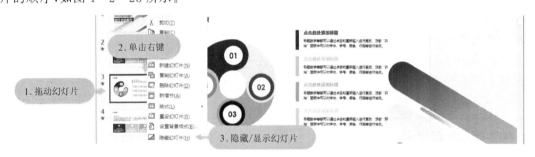

图 1-2-23　隐藏幻灯片

❼ **隐藏幻灯片**:单击幻灯片缩略图,再次打开右键菜单。选择**隐藏幻灯片**命令,这样当放映演示文稿时,这张幻灯片将被跳过。

❽ **显示幻灯片**:当需要恢复被隐藏的幻灯片时,只需在该幻灯片的缩略图上单击鼠标右键。然后再次选择**隐藏幻灯片**命令,即可取消幻灯片的隐藏状态。

1.3　导出和分享幻灯片作品

最近我正在和意向客户沟通合作事宜，需要将一份跟合作有关的 PPT 发给客户。我只想客户放映这份 PPT，并不想 PPT 被客户修改，以避免后期谈判时发生扯皮，请问老师怎么办才好呢？

当你需要将 PPT 发给对方，但是又不想被对方编辑，或只想给对方放映演示文稿中的内容时，可以将演示文稿保存为放映格式。对方只需要双击这份文件，即可放映 PPT 中的内容。

1.3.1　如何将演示文稿保存为放映格式的文件

❶ **保存为放映格式**：单击**文件**选项卡，进入文件功能页面。接着单击**另存为**命令，进入另存为面板。单击**浏览**命令，打开另存窗口，如图 1-3-1 所示。

❷ **设置保存类型**：接着单击**保存类型**下拉箭头，打开保存类型列表。在打开的保存类型列表中，选中 **PowerPoint 放映**选项。单击**保存**按钮，即可将当前的演示文稿保存为 Power-Point 放映格式，如图 1-3-1 所示。

图 1-3-1　保存为放映

❸ **放映文件**：当需要放映时，只需要双击该文档即可。此时进入全屏放映模式，在任意位置单击，即可进入下一张幻灯片，如图 1-3-2 所示。

图 1-3-2　放映文件

1.3.2 如何将演示文稿保存为视频格式的文件

保存为放映文件的确很好用!可是我还需要将 PPT 放在公司网站上,这样所有意向客户都可以下载和放映这份 PPT,如果将放映文件放在网站上,没有安装 PowerPoint 软件的客户就无法观看 PPT 了😞。

不用担心,小王!PowerPoint 软件提供了将 PPT 导出为 mp4 视频的功能,将导出后的 mp4 放在贵司网站上,所有的意向客户都可以自由观赏 PPT 中的内容了(即使客户没有安装 PowerPoint 软件)。

❶ 保存为视频:单击文件选项卡,进入文件功能页面。单击另存为命令,进入另存为面板。单击浏览命令,打开另存为窗口,如图 1-3-3 所示。

❷ 设置保存类型:接着单击保存类型下拉箭头,打开保存类型列表。在打开的保存类型列表中,选中 MPEG-4 视频选项,即可将演示文稿导出为 mp4 格式的视频文件。单击保存按钮,完成视频文件的保存,如图 1-3-3 所示。

图 1-3-3 保存为视频

❸ 播放视频:双击导出的视频文件,即可播放该视频,如图 1-3-4 所示。

图 1-3-4 播放视频

视频演示能够以 MPEG-4 或 WMV 格式保存。它支持动画、切换和媒体播放，还可包括您录制的旁白和幻灯片时间。

1.3.3　如何将幻灯片保存为 PDF 文档

老师,将 PPT 导出为视频的确方便多了,但会产生了一个新的问题,就是 PPT 视频体积太大了,不论是用户在线观看,或给用户发送邮件,都需要加载很长的时间才能打开。

想让 PPT 传播更为方便,PowerPoint 软件也有办法! 你可以将 PPT 保存为 PDF 便携式文档,演示文稿中的每一张幻灯片,都可转换为 PDF 文档中的一个页面。

小王,PDF 是一种常见的文档格式,是由 Adobe 公司发布的用于文件传播的文档格式。基本上所有的电脑、手机、平板设备都支持 PDF 文档,所以它的应用非常广泛,并且它的体积相对视频小很多。

❶ **幻灯片转 PDF**:单击**文件**选项卡,进入文件功能页面。单击**另存为**命令,进入另存为面板。单击**浏览**命令,打开另存为窗口,如图 1-3-5 所示。

❷ **设置保存类型**:接着打开**保存类型**列表。在打开的保存类型列表中,选中 PDF 选项。单击**保存**按钮,打开选项设置窗口。

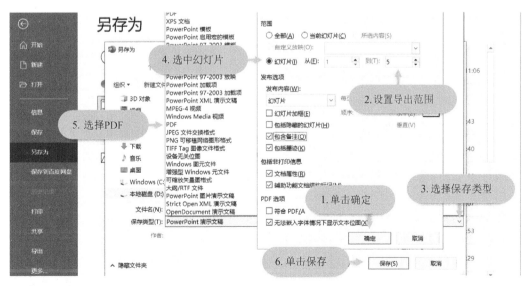

图 1-3-5　幻灯片转 PDF

❸ **设置导出范围**：如果只需要导出部分的幻灯片，可以选中**幻灯片**单选框。在输入框里输入幻灯片的截止编号。这样会将第 1～5 张幻灯片导出为 PDF 格式的文档。接着单击**确定**按钮，打开另存为"窗口"，如图 1-3-6 所示。

❹ **保存 PDF**：保持窗口中的默认设置，继续单击**保存**按钮，完成 PDF 文档的导出。

PDF 文档导出之后，将会被自动打开。此时演示文稿中的第 1～5 张幻灯片已经被导出为 PDF 格式的文档。每一张幻灯片，相当于 PDF 文档中的一页内容。

图 1-3-6　打开 PDF 文档

 请注意，PDF 格式的演示文稿将会失去某些功能，例如动画、音频和视频播放等。

1.3.4　如何将完成的幻灯片打印到纸张上

 老师，这个月底有一个很重要的演讲，为了演讲完美，我经常在地铁上、公园里或咖啡厅等闲暇场合排练，可是这些场合使用电脑并不方便，您有什么更好的建议吗？

小王，你可以将 PPT 打印出来，这样就可以在任何场合排练演讲时学习了。PowerPoint 与 Office 中的其他程序一样，能够使用多种选项打印的作品。

❶ **进入打印设置页面**：单击**文件**按钮，进入文件功能页面。在左侧的命令列表中，单击下方的**打印**命令，打开打印控制面板，如图 1-3-7 所示。

❷ **设置打印份数**：如果需要将演示文稿打印多份，此时可以在**份数**输入框里，输入要打印的份数。

❸ **设置打印范围**：如果需要限定幻灯片的打印范围，可以单击**设置**下拉箭头。在打开的选项列表中，选中**自定义范围**选项。然后输入需要打印的幻灯片的编号。例如幻灯片的编号

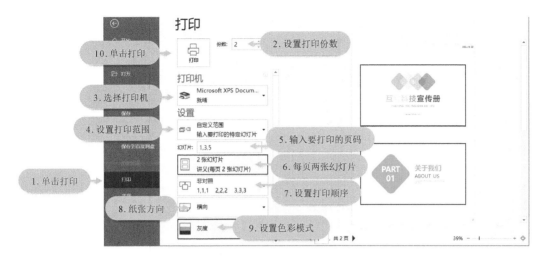

图 1-3-7　打印设置页面

以逗号进行分隔,这样只会打印第1、第3、第5张幻灯片。

❹ **设置打印方式**:当需要将多张幻灯片打印在一页纸张时,选中 **2 张幻灯片**选项。从右侧的预览视图可以看出,即两张幻灯片将被打印在一页纸张上。

❺ **设置打印顺序**:幻灯片的打印顺序也是可以调整的,为了更加方便分发打印好的文档,可以选择**非对照**方式,将会在打印完第一张幻灯片之后,接着打印第二张幻灯片。

❻ **设置纸张方向**:在打印的纸张方向列表中,可选中**横向**选项。两张待打印的幻灯片,即横向排列在纸张上。

❼ **设置打印颜色**:如果不需要关心幻灯片上的颜色信息,可以调整打印机的色彩模式。如选中**灰度**选项,将在打印幻灯片时,不消耗彩色的墨水。

如果需要在纸张上打印日期时间或者幻灯片的编号,可以编辑幻灯片的页眉和页脚。

❽ **设置页眉和页脚**:单击底部的**编辑页眉和页脚**命令,即可打开页眉和页脚设置窗口。选中**日期和时间**复选框。单击**全部应用**按钮,完成页眉和页脚的设置。最后单击**打印**按钮,打印机将根据设置的打印选项,打印所选的 3 张幻灯片,如图 1-3-8 所示。

图 1-3-8　设置页眉页脚

页眉和页脚提供了一种在每张幻灯片、讲义或注释页面的顶部或底部放置重复文本的便捷方式。您可以添加时间和日期、幻灯片编号或页码，或希望在每张幻灯片上显示的任何其他信息，例如公司名称或演示文稿的标题。

1.4　使用备注和批注制作幻灯片

老师，由于幻灯片上无法放太多的文字，因此我经常在使用演示文稿做工作汇报时忘词，这导致了好几起刻骨铭心的翻车事故发生☹。

哈哈，小王，这里有个很实用的技巧可以帮助你摆脱类似的翻车事故。这个技巧就是在你完成演示文稿的内容之后，给幻灯片添加备注，这些注释会在工作汇报时提示你。

演示文稿中的每张幻灯片都有一个相应的备注页面，你可以输入与幻灯片内容相关的注释。这些注释仅你可见，观众是看不到的。

1.4.1　如何使用备注功能对内容进行注释补充

幻灯片中的备注主要的作用是辅助演讲，即对幻灯片中的内容进行补充和注释，如图 1-4-1 所示。

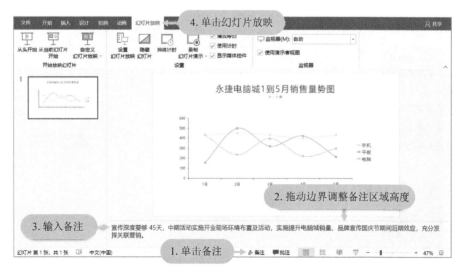

图 1-4-1　输入备注文字

❶ **增加备注区域高度**：用鼠标在备注区的上边缘按下并向上拖动，以增加备注区域的面积。

❷ **输入备注文字**：然后给当前的幻灯片输入一段备注文字。

❸ **放映幻灯片**：单击**幻灯片放映**按钮。选中**使用演示者视图**复选框，在幻灯片放映时可以切换到演示者视图。单击**从头开始**命令，从第一张幻灯片开始放映。

❹ **进入演示者视图**：此时进入全屏放映模式，在任意位置单击鼠标右键，打开右键菜单。选择**显示演示者视图**命令，进入演示者视图，如图 1-4-2 所示。

进入演示者视图界面，备注文字显示在幻灯片的右侧。

❺ **增加备注字号**：单击**增加字号**图标，增加备注文字的尺寸以便阅读。

❻ **绘制笔迹**：在演示者视图界面，还可以使用画笔在幻灯片上绘制笔迹。单击左下角的**画笔**图标，打开画笔列表。选中**笔**选项。然后绘制一段圆形的笔迹，以着重显示图表右侧的图例。如需退出演示者视图，可以单击上方的**结束幻灯片放映**命令。

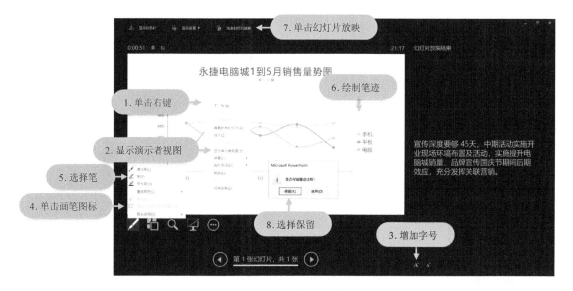

图 1-4-2　演示者视图

备注并不会出现在幻灯片上，而是显示在计算机显示器上，且不会显示在投影仪上。如果您有两台显示器，可以在一台显示器上展示演示文稿，在另一台查看注释，当然您也可以打印备注页，以作参考资料。

1.4.2　如何利用批注功能向作者提出幻灯片的修改意见

当需要制作的演示文稿包含数十张幻灯片时，我通常会邀请同事共同制作这份演示文稿。由于演示文稿是多人合力制作，就需要在制作过程中表达意见、讨论问题，请问有什么有效的沟通工具吗？

这个问题问得非常好,现在是协作共赢的时代,团队合作才是取胜之道! 为了解决团队合作沟通问题,你可以借助 PowerPoint 的批注功能。当你审查伙伴的演示文稿时,可以利用批注功能表达自己的修改意见。批注是在团队成员之间分享想法、讨论问题的好工具!

❶ **插入批注**:首先单击**插入**选项卡,显示插入功能面板。单击**批注**命令,在幻灯片的右侧显示批注编辑面板。此时在批注编辑面板中已经显示了一条批注,如图 1-4-3 所示。

❷ **删除批注**:除了在**插入**功能面板中添加批注,还可以在**审阅**功能面板上添加批注,首先删除这个批注。单击右上角的关闭图标,关闭批注编辑面板。

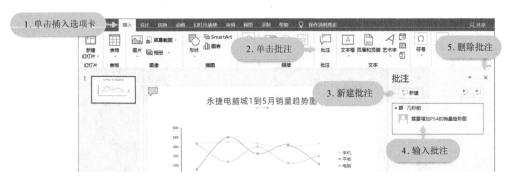

图 1-4-3　插入批注

❸ **新建批注**:单击**审阅**选项卡,显示审阅功能面板。单击**新建批注**命令,再次打开批注编辑面板。在输入框里输入一段文字,给幻灯片添加批注。完成批注的创建之后,单击右上角的**关闭**图标,关闭批注编辑面板。

❹ **编辑批注**:当再需要对批注进行编辑时,可以单击**显示批注**命令,或双击需要编辑的批注图标。单击**新建**按钮,可以创建一条新的批注。给新的批注输入一段内容。单击**上一条批注**按钮,可以切换到上一条批注,如图 1-4-4 所示。

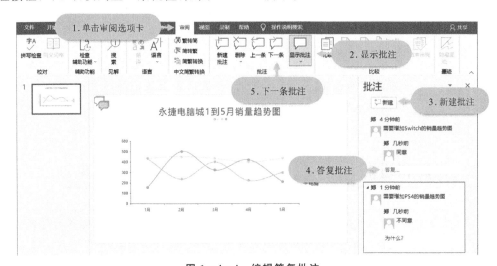

图 1-4-4　编辑答复批注

❺ **答复批注**：当需要答复一条批注时，可以在批注文字的下方输入需要答复的文字。按下键盘上的回车键，完成答复文字的输入。当需要对一条批注进行深入讨论时，可以继续添加答复文字。

1.5　高效制作幻灯片的技巧

时间过得真快，眼看第一章就要结束了，我已经学到很多 PPT 的操作技巧，谢谢老师！另外请教一下，有没有什么可以提高幻灯片制作效率的方法？

工作质量是基本，工作效率才是王道！ PowerPoint 为职场人士提供了很多提高效率的工具，例如格式刷、主题、母版等功能。接下来就揭开它们神秘的面纱。

1.5.1　如何通过格式刷将样式快速复制到其他对象

使用格式刷，可以将一个对象上的字体、颜色、填充、边框、段落等所有样式，快速复制到另一个对象中，从而大幅提高幻灯片制作效率。

❶ **设置文字样式**：选择内容为语文的文本框。首先修改所选文字的字体，单击**字体**下拉箭头，显示系统字体列表。在打开的字体列表中，选择**黑体**作为所选文字的字体。单击**增加字号**图标，增加所选文字的字号。单击**加粗**图标，使所选文字加粗显示。将文字的颜色修改为白色，如图 1-5-1 所示。

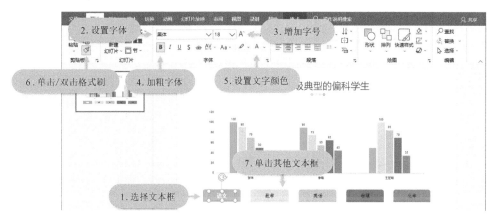

图 1-5-1　设置文字样式

❷ **复制文字样式**：现在已经给所选文字添加了很多的样式，假如要给其他的文字也添加

相同的效果,只需要单击**剪贴板**命令组中的**格式刷**命令。此时格式刷处于激活状态,单击内容为数学的文本框,即可将当前文本框的效果复制给另一个文本框。

❸ **连续使用格式刷**:如果需要连续使用格式刷,可以双击**格式刷**图标。然后将内容为数学的文本框格式,复制到其右侧的三个文本框上。当完成格式的复制之后,再次单击**格式刷**图标,以取消格式刷的激活状态,如图 1-5-2 所示。

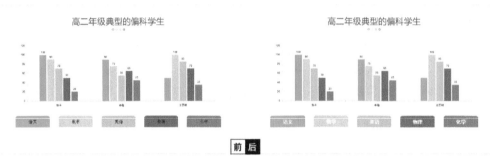

图 1-5-2　连续使用格式刷工具

1.5.2　如何通过主题功能对幻灯片的配色进行优化

老师,根据企业 VI 系统对幻灯片进行配色有些麻烦,有没有更简单、方便的方法进行幻灯片的配色呢?

制作一个好的 PPT 最基本的任务之一就是让 PPT 看起来漂亮。因此微软赋予 PowerPoint 一个名为主题的功能,可让您可以在几分钟内创建好看的幻灯片。

每个主题都包含颜色、字体、效果和背景四个组件,你可以根据企业 VI 自定义这四个组件,从而创建符合企业 VI、可重用的主题。

本节示例幻灯片的配色既不美观,也不专业。现在通过 PowerPoint 提供的主题功能,对幻灯片的配色进行整改。

❶ **应用主体**:单击**设计**选项卡,打开设计功能面板。在**变体**列表中,选择一种变体。此时幻灯片的各个图形的填充颜色都发生了变化,主体颜色变为冷色调的蓝色,背景颜色变为暖色调的橙色,如图 1-5-3 所示。

❷ **设置颜色**:变体功能可以同时对幻灯片中的颜色、字体、效果和背景样式进行修改,如

果只需修改一个项目，可以单击**变体**下拉箭头，打开变体项目列表。选择列表中的**颜色**选项，选择颜色列表中的**黄色**选项，幻灯片中的色彩将以黄色为主体。

图 1 - 5 - 3　应用主体

除了使用变体，您还可以使用主题功能对幻灯片中的所有元素进行样式的设置。

❸ **设置主题**：在设计功能面板左侧的主题列表中选择一个主题。此时幻灯片上的颜色、字体、背景样式等都发生了变化，并且它们的搭配更加协调，如图 1 - 5 - 4 所示。

图 1 - 5 - 4　设置主题

选择设计时，一定要**考虑受众**！如向政府机构提交的一份报告需要采用安静、严谨的设计风格；面向青少年的演讲，则需要明亮而引人注目一些。选择一种幻灯片主题，为您的演示文稿定下基调并赢得观众的共鸣。

美文:幻灯片的文字排版技巧

第 2 章

您将在本章收获以下知识:

2.1　幻灯片中的文本排版技巧

> 老师,每张幻灯片中都少不了文字,可是我始终难以把握这些文字。

> 哈哈!没有文字,任何演示文稿都是不完整的,这就是为什么当我们添加新幻灯片时,首先看到的是"单击以添加文本"。

> 文字排版是 PPT 设计的基础,同时也是大家容易忽略的小细节,文字排版往往决定着 PPT 的品质。

> 我也明白文字排版的重要性,经常会花大量的时间给不同位置的文字选择漂亮的字体,可是幻灯片看起来还是不够漂亮。

> 对于文字排版设计,为文字选择正确的字体、排版中的文本层次结构、字体比例、颜色对比等都是决定 PPT 品质的重要因素。
> 优秀的文字排版需要传达清晰有效的信息,把内容的可读性放在首位。接下来将讲解一些非常实用的文字排版技巧。

2.1.1　选择适当的字体和字号

> 我常常会为文字选择合适的字体纠结,请问老师有什么挑选字体的妙招吗?

> 在京剧中,每张脸谱都代表着不同的性格。
> 字体也是一样,给文字设定不同的字体,在视觉上就可以传达不同的视觉感受,甚至可以带给观众不同的情绪影响。
> 就像我们会根据不同的场合选择着装一样,下面为大家讲解如何根据不同的场景,挑选合适的字体。

❶ **隶书**：由于本节示例幻灯片的主题是传统文化，如图 2 - 1 - 1 所示，所以我们需要给标题文字选择一款具有历史韵味的字体。

图 2 - 1 - 1　使用隶书

隶书是汉字中常见的一种古朴、庄重的字体，书写效果略微宽扁，横画长而直画短，讲究"蚕头燕尾""一波三折"。

 PowerPoint 会自动将您最常使用的字体移至字体列表的顶部。此功能使您选择喜欢的字体更加容易。

❷ **华文中宋**：华文中宋是一种美观且醒目的字体，它由宋体逐渐演变而来，但是其跟宋体又有很大差异，字体特点是粗壮醒目，无论字体大小都比较清晰，如图 2 - 1 - 2 所示。

图 2 - 1 - 2　使用华文中宋

在应用合适的字体之后，韵味就显现出来了，如图 2 - 1 - 3 所示。

接着打开第二张幻灯片。这张幻灯片的主题是美术教学，但是标题文字的外观显得过于沉重和死板，我们来修改标题文字的字体。

❸ **仿宋**：仿宋体是一种采用宋体结构、楷书笔画的较为清秀挺拔的字体，笔画的末端有装饰性的顿笔等元素。仿宋和宋体、黑体、楷体并称为汉字的四大印刷字体，如图 2 - 1 - 4 所示。

图 2 - 1 - 3　字体变化对比

图 2 - 1 - 4　使用仿宋

更改字体之后,标题文字的笔画均匀,起笔和落笔成倾斜形,笔法锐利、结构紧密、清秀雅致,使标题文字和幻灯片的主题更加契合,如图 2 - 1 - 5 所示。

图 2 - 1 - 5　字体变化对比

第三张幻灯片的主题是岗位竞聘,有竞争和冲突的意味。但是当前的标题文字过于苗条、清秀,与幻灯片的主题以及右侧的配图极不协调。现在来修改标题文字的字体。

❹ 黑体:黑体字体方正、粗犷、横竖笔形粗细相等、笔形方头方尾、黑白均匀。黑体具有百搭性、商业性、亲和性等特点,并融入了现代、科技和运动时尚感,如图 2 - 1 - 6 所示。

更换字体之后,标题文字更加粗壮、有力,更能体现竞争的气氛和不屈的精神,如图 2 - 1 - 7 所示。

第四张幻灯片的主题是情人节活动,需要体验爱情和柔情蜜意的意境,但是当前的标题文字比较粗犷,不符合谈情说爱这样的主题。

图 2-1-6　使用黑体

图 2-1-7　字体变化对比

❺ **幼圆**：现在来更换标题文字的字体。幼圆字体源自黑体，它的主要特点是：笔画更加修长，便于阅读，拐弯处的笔画处理尤为细腻，如图 2-1-8 所示。

图 2-1-8　使用幼圆

在更换字体之后，标题文字在视觉上更加修长、圆润、柔和，更好地体现了情人节的浪漫氛围，如图 2-1-9 所示！

图 2-1-9　字体变化对比

第五张幻灯片的主题是现代流行音乐,为了使标题文字更具现代感,需要调整标题文字的外观。首先增加文字的字号,以使文字更有视觉冲击力。

如果您想要的字号不在"字号大小"下拉列表中,请输入字号。例如,要将字号更改为12.5磅,请在字号框中键入12.5,然后按Enter(回车键)。

❻ Agency FB:Agency FB是一款创意十足的英文字体,线条虽然粗壮,但是显得极为"苗条",看起来十分醒目,是一种非常实用的英文字体,常用于修饰标题文字。

我们将文字的颜色修改为灰色。灰色更具现代感,灰色也是很多科技公司喜欢使用的颜色,如图2-1-10所示。

图2-1-10　Agency FB

最后移动文字使其和其他标题文字,在垂直方向上居中对齐,如图2-1-11所示。

图2-1-11　字体变化对比

接着打开第6张幻灯片。这张幻灯片是一份商业计划书的封面,但是封面上的标题文字使用的是连笔字体,无法体现出严肃、专业和现代商业性的主题。

❼ 微软雅黑:现在来修改所选文字的字体。微软雅黑是一种平滑、优美的黑体字体,具有饱满、清晰、庄重的特点。即使是中英文的搭配,也会非常和谐,如图2-1-12所示。

在更换字体之后,标题文字在视觉上更加庄重和专业,更能符合商业计划书的主题,如图2-1-13所示。

图 2 - 1 - 12　使用微软雅黑

图 2 - 1 - 13　字体变化对比

最重要的是选择一种有助于定调的字体！
促销活动需要使用强烈、粗体的字体，而技术演示需要干净且不引人注目的字体，请确保您的字体更好地传达您的信息！

2.1.2　文本排版常见的注意事项

老师，我知道 PPT 中文字扮演的角色与 Word 文档中的文字是不同的，所以我经常放大 PPT 中文字的字号。可是在演讲时，还是经常有后排的观众反映看不清楚 PPT 的内容。

小王，PPT 设计的一条规则是：**每个观众都能够阅读它们。**
如果你不确定，可以打开投影仪或显示器，放映幻灯片，然后走到房间的后面，看看你是否能看清画面。如果不能看清，请调整幻灯片文字的字体、颜色或尺寸。

❶ **修改标题字体**:首先选择示例幻灯片中的两个标题。单击**字体**下拉箭头,显示系统字体列表。在字体列表中选择一款字体,作为所选文字的字体,如图2-1-14所示。

图2-1-14 修改标题字体

一张幻灯片的字体数量最好不要超过3种,否则就会给人一种乱花渐欲迷人眼的感觉,整个画面也会显得嘈杂和纷乱。

❷ **限制字体数量**:选择示例幻灯片中的三个文字框。单击**字体**下拉箭头,在字体列表中选择一款字体,作为所选文字的字体,如图2-1-15所示。

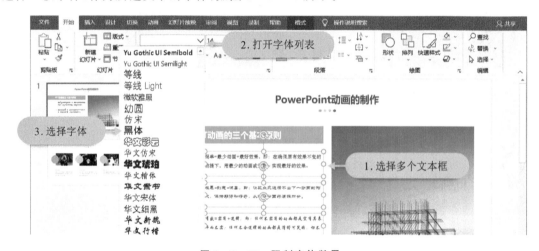

图2-1-15 限制字体数量

 请避免使用太多不同的字体,因为具有太多字体的幻灯片看起来像大杂烩,从而降低幻灯片的视觉品质。

这样就完成了幻灯片的字体的调整,无论标题还是正文都显得清晰、易读。

除了字体,文字的尺寸也是影响显示效果的一大因素。过小的尺寸,文字会很难被识别。与印刷品上的文字相比,幻灯片上的文字往往需要更大的尺寸,如图2-1-16所示。

❸ **增加标题字号**:选择第二张幻灯片中的标题文本框。以增加文字的尺寸,如图2-1-17所示。

❹ **增加正文字号**:下方的正文字号也偏小,很难分辨文字的具体内容。选择左侧的文本

图 2 - 1 - 16　字体统一的前后对比

框。按下键盘上的 **Shift** 键。在按下该键的同时，选择右侧的文本框，以同时选择这三个文本框。在**字号**输入框里输入 14，以增加文字的尺寸。

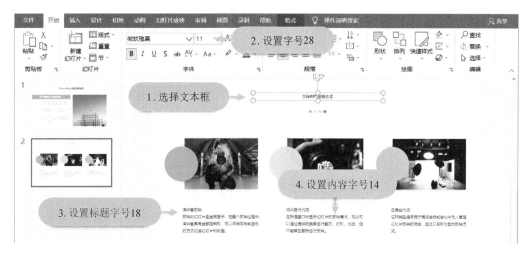

图 2 - 1 - 17　增加标题字号

❺ **增加小标题字号**：选择左侧文本框里的第一行文字。在**字号**输入框里输入 18，以增加小标题的尺寸。单击**加粗**图标，使所选文字加粗显示。使用相同的方式，设置右侧两个段落小标题的样式，最终效果如图 2 - 1 - 18 所示。

图 2 - 1 - 18　字号调整前后对比

如果文本框里的文字具有不同的字号,并且您想要按比例更改不同字号的文字的大小时,请单击 A˄ (增大字号)和 A˅ (缩小字号)按钮。

2.1.3　使用文本框在幻灯片中显示文字内容

文字是幻灯片中不可或缺的元素,而文本框是文字的容器。当需要在幻灯片中放置文字内容时,就需要使用到文本框。

❶ **添加文本框**:单击**插入**选项卡,打开插入功能面板。在打开的插入功能面板中,单击**文本**命令组中的**文本框**工具。在红色形状的左侧按下鼠标并向右下方拖动,以绘制一个文本框。然后在光标位置,输入文字内容,如图2-1-19所示。

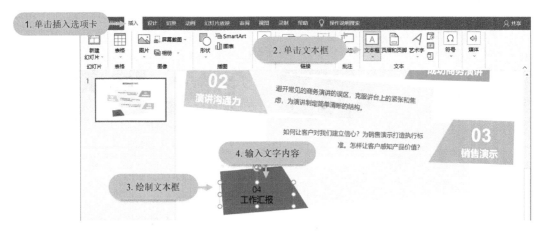

图 2-1-19　添加文本框

当光标移到文本框上时,光标会变为Ⅰ形,单击鼠标,输入文本。
完成输入文本后,按Esc或单击文本框外的任意位置。

当选中要编辑的文字时,PowerPoint会变成小型的文字处理器。PowerPoint会自动换行文本,因此不必在每行末尾按enter,仅当想开始新段落时再按enter。

❷ **设置文字样式**:将字体修改为Arial字体。在**字号**输入框里输入36,以增加文字的尺寸。单击**加粗**图标,使文字加粗显示。然后将文字的颜色设置为白色,如图2-1-20所示。

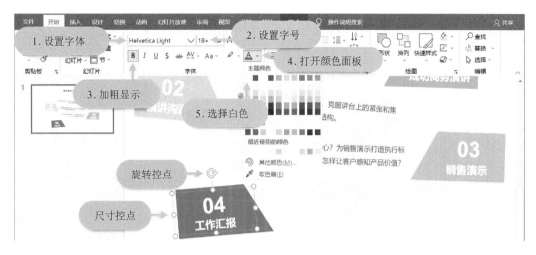

图 2 - 1 - 20　设置文字样式

❸ **旋转文本框**：按下旋转控制手柄并向左侧滑动，使文本框的倾斜角度与红色梯形的角度保持一致。使用方向键将文本框移到红色梯形的中心位置。

 要将形状旋转的角度限制为 15°的增量，请先按住 Shift 键，然后再拖动旋转手柄。

❹ **绘制说明文字文本框**：首先单击**插入**选项卡。单击**文本框**工具。在灰色形状的上方绘制一个文本框。然后在光标位置，输入文字内容，如图 2 - 1 - 21 所示。

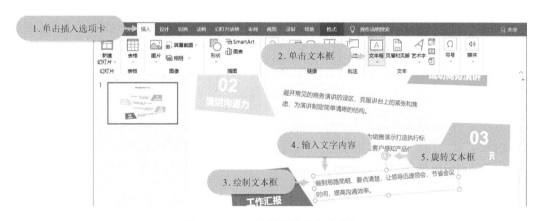

图 2 - 1 - 21　绘制说明文字文本框

❺ **调整文本框**：按下旋转控制手柄上并向左侧滑动，使文本框的倾斜角度与底部的灰色图形的角度保持一致。使用方向键将文本框移到灰色形状的中心位置，如图 2 - 1 - 22 所示。

图 2 - 1 - 22　使用文本框显示文字内容

2.1.4　复制和移动文本框

老师,一张幻灯片往往有多个文本区域,需要使用多个文本框,如果一个一个地绘制这些文本框,会非常烦琐。

小王! PowerPoint 能够以复制的方式创建文本框,新的文本框和旧的文本框具有相同的内容和样式时,只需要修改文本框里的内容即可。

❶ 绘制文本框:打开开始选项卡,单击形状命令,选择文本框工具,绘制一个文本框。然后在光标位置输入文字内容,如图 2 - 1 - 23 所示。

移动文本框里的光标:

● 通过箭头键或使用鼠标在文本框内四处移动光标。

● 使用 End 和 Home 键将光标置于所在行的开头或结尾。

● 按 Ctrl 键并向左或向右箭头,一次向左或向右移动整个单词。

❷ 设置文字样式:单击减小字号图标。单击加粗图标。单击文字居左图标。接着将文字的行距调整为 1.5 倍,以避免文字过于拥挤。

❸ 设置小标题样式:选择文本框第一行的小标题。单击增加字号图标,增加所选文字的尺寸。单击加粗图标,使所选文字加粗显示。

❹ 复制小标题样式:为了给下方的小标题设置相同的样式,单击格式刷图标。按下其他小标题的左侧并向右拖动,选择这个小标题,给它应用相同的标题样式。

❺ 分离文本框:接着将第二个段落从文本框中分离出来。选择文本框的后三行文字。按下所选文字的上方并向下拖动,将文字从文本框中分离出来,如图 2 - 1 - 24 所示。

图 2 - 1 - 23　绘制文本框

图 2 - 1 - 24　分离文本框

❻ **复制文本框**:按下键盘上的 **Ctrl** 键。向下拖动第二个文本框以复制该对象。(如果需要继续复制操作,可以按下 F4 键)。然后修改第三个文本框中的内容,如图 2 - 1 - 25 所示。

图 2 - 1 - 25　复制文本框

这样就完成了文本框的分离和复制,最终效果如图 2 - 1 - 26 所示。

图 2 - 1 - 26　复制和移动文本框

编辑文本框里的部分文字时,要先选择编辑的文字:
● 使用鼠标单击待选文本的左侧,然后拖动到待选文本末尾时松开鼠标。
● 按住 Shift 键的同时,按任意箭头即可通过移动光标来选择文字。
● 双击鼠标选择一条短语,三击鼠标可以选择一个段落。

2.1.5　艺术字体的下载安装和嵌入

老师,我需要制作一份关于中国古典文化的演示文稿,根据您前面讲到的根据使用场景选择字体的原则,想使用一款中国书法艺术字体作为幻灯片封面标题的字体,可是我电脑上并没有这样的字体。

当电脑自带的字体无法满足幻灯片的设计需求时,我们可以从互联网上下载和安装所需的字体。但是要注意字体的版权,有些字体是需要付费才可以使用的。

❶ **进入字体资源网站**:首先打开浏览器,并进入字体资源网站 **100font.com**。当找到所需的字体时,单击该字体的缩略图。进入字体下载页面,然后单击下载按钮,下载该字体,如图 2-1-27 所示。

图 2-1-27　100font 网站

❷ **安装字体**:下载完成后,右键单击压缩包,解压下载后的文件。在解压后的文件夹中,双击打开字体文件。然后单击**安装**按钮,即可将下载的字体安装到电脑上,如图 2-1-28 所示。

字体安装完成后,返回 PowerPoint 界面,然后使用刚刚安装的字体,首先选择需要修改字体的文字。

❸ **使用字体**:选择示例幻灯片中的标题文本框。单击**字体**下拉箭头,显示系统字体列表。在打开的字体列表中,选择刚刚安装的字体,作为所选文字的字体,如图 2-1-29 所示。

更改字体后的幻灯片如图 2-1-30 所示。

如果幻灯片中的字体比较少见,那么当使用其他电脑打开演示文稿时,就会出现字体缺失的问题。这时我们可以将幻灯片中的字体,嵌入到文件中。

图 2-1-28　安装字体

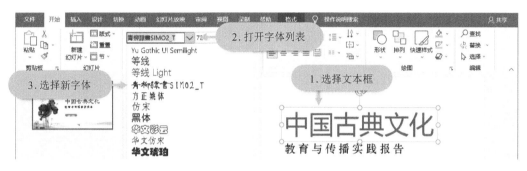

图 2-1-29　使用字体

图 2-1-30　更改字体后的幻灯片

❹ **嵌入字体**：单击**文件**选项卡，进入文件信息窗口。单击**浏览**命令，打开另存为窗口。单击**工具**下拉箭头，打开快捷工具菜单。单击**保存**选项，打开保存选项设置窗口。选中**将字体嵌入文件**复选框。单击**确定**按钮，完成字体选项的设置，如图 2-1-31 所示。

当演示文稿嵌入字体文件之后，演示文稿的体积会有所增加。从两个文件的大小对比可以看出，嵌入字体后的演示文稿的大小比嵌入前的要大 1 兆左右，如图 2-1-32 所示。

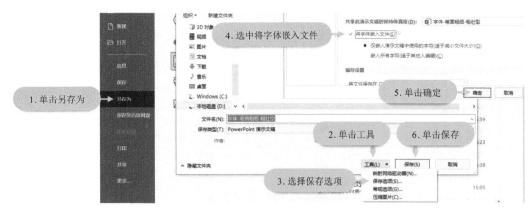

图 2 - 1 - 31　嵌入字体

| 字体-笔画粗细-粗壮型 | 917 KB |
| 字体的下载和安装和嵌入 | 1,899 KB |

图 2 - 1 - 32　嵌入字体的文件体积增大

2.2　幻灯片标题设计技巧

老师,我知道 PPT 的封面对于 PPT 整体效果很关键,可是我该如何设计一份出色的 PPT 封面呢?

如果说 PPT 的封面是整个 PPT 的门面担当,那么观众第一眼看到的标题文字就是整个封面的颜值担当。

PPT 的标题是对一张幻灯片所有信息的提炼,可以把精练的信息以最快的速度传递给观众。因此标题的设计对 PPT 的封面非常重要。接下来将介绍几种有效设计标题的方法,以便让 PPT 的标题更有范!

2.2.1　实现字叠字的创意艺术效果

小王,我们 PPT 中的文字往往是并排排列的,它们之间一般保持着适当的距离,这样的好处是文字内容清晰易读,但是也有千篇一律的乏味感,所以我介绍一种具有特殊创意的字叠字的艺术效果。

❶ **制作标题**：打开**开始**选项卡，单击**形状**命令，选择**文本框**工具以绘制一个文本框。然后在光标位置输入文字内容，作为幻灯片的标题，如图 2 - 2 - 1 所示。

❷ **设置文字样式**：选择这个文本框。在**字号**输入框里输入 48，以增加文字的尺寸。单击**加粗**图标，使所选文字加粗显示。接着将文字的颜色设置为深灰色。设置字距选项为稀疏。

由于这张幻灯片中的内容较少，所以可以适当增加文字的间距，使版面既不压抑，更有美感。

图 2 - 2 - 1　制作标题

❸ **制作副标题**：打开**开始**选项卡，单击**形状**命令，选择**文本框**工具以绘制一个文本框。然后在光标位置输入文字内容，如图 2 - 2 - 2 所示。

❹ **设置副标题样式**：单击增加**字号**图标，增加所选文字的尺寸。接着来设置文本框的背景颜色，首先单击**格式**选项卡，显示格式功能面板。然后将文本框的颜色设置为浅灰色。

图 2 - 2 - 2　制作副标题

❺ **移动文本框**：将文本框移到幻灯片的底部。由于这个文本框中的文字属于辅助性的内容，所以将它适当远离幻灯片的中心位置。

❻ **绘制背景文本框**：打开**开始**选项卡，单击**形状**命令，选择**文本框**工具以绘制一个文本框。然后在光标位置输入文字内容，如图 2 - 2 - 3 所示。

❼ **设置文字样式**：在**字号**输入框里输入 520，以增加文字的尺寸。接着修改文字的字体为 Arial。

❽ **设置文字颜色**：为了使文字和底部的文字区分开来，我们给它设置和底部文字不同的

颜色。单击**其他颜色**命令,打开颜色设置窗口。在**颜色**数值输入框里,输入淡灰色的颜色数值。

❾ **置底文字**:在文字上单击鼠标右键,打开右键菜单。选择菜单中的**置于底层**命令,将文本框移到所有对象的最下方。

图 2 - 2 - 3　背景文本框

幻灯片的制作已经基本完成,但是还缺少一些气氛,现在来给幻灯片的背景设置一个颜色。

❿ **设置背景颜色**:在幻灯片空白位置单击鼠标右键。选择**设置背景格式**命令,打开设置背景格式窗格。单击**颜色**下拉箭头,打开颜色拾取面板。单击**其他颜色**命令,打开颜色设置窗口。在**颜色**数值输入框里,输入淡灰色的颜色数值。然后单击**确定**按钮,完成颜色的设置,如图 2 - 2 - 4 所示。

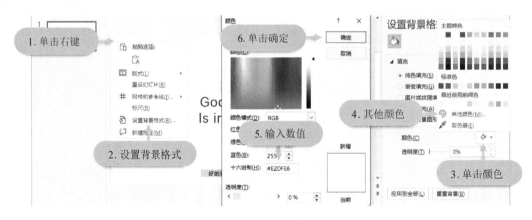

图 2 - 2 - 4　设置背景颜色

这样就完成了字叠字效果的制作,该效果主要用在内容较少时的场合,能够实现简洁、现代、优雅的设计风格,如图 2 - 2 - 5 所示。

图 2 - 2 - 5　字叠字效果

为了增加版面的层次、对比元素的丰富性,字叠字效果需要注意几点:
- 底部文字的颜色要比上面的文字淡,以免影响其识别性。
- 底部文字的字体要用粗体,且字号要比上面的文字大。

2.2.2　实现错位文字的艺术效果

要实现错位文字的艺术效果,就需要将文字进行拆分,但是正常文字是无法拆分的,所以要先绘制几个形状,然后做形状合并工具对文字进行拆分。

❶ **设置文字样式**:首先选择示例幻灯片中的内容为 2022 的文本框。在**字号**输入框里输入 105,以增加文字的尺寸。将字体修改为 Arial Black,使文字更加醒目,如图 2 - 2 - 6 所示。

图 2 - 2 - 6　设置文字样式

❷ **绘制五个矩形**：接着在文字的上方绘制一些矩形，以方便对年份数字进行拆分。在**插入形状**区域选择矩形工具，然后在数字 2 的左侧绘制一个矩形。使用相同的方式，继续绘制更多的矩形，以均匀分隔四个数字，如图 2 - 2 - 7 所示。

图 2 - 2 - 7　绘制五个矩形

❸ **拆分数字**：这样就完成了矩形的绘制，现在来使用矩形对数字进行拆分，首先同时选择数字所在的文本框，以及所有的矩形。单击**合并形状**下拉箭头，打开形状合并功能列表。选择列表中的**拆分**命令，使用矩形对文字进行拆分，如图 2 - 2 - 8 所示。

图 2 - 2 - 8　拆分数字

❹ **删除拆分后的形状**：选择拆分后的多余的碎片。使用键盘上的删除键，删除所选的对象。使用相同的方式，删除其他多余对象，只保留 2022 数字，如图 2 - 2 - 9 所示。

图 2 - 2 - 9　删除拆分后的形状

❺ **移动数字部位**：此时移动数字拆分后的各个部分。将左侧数字 2 的左边向左下方移

动。将数字 0 的左边向左移动。使用相同的方式,移动其他的图形,使四个数字最终呈现形体错位的视觉效果,如图 2 - 2 - 10 所示。

选择并移动拆分部分

图 2 - 2 - 10　移动数字部位

这样就完成了错位文字的特殊效果,最终效果如图 2 - 2 - 11 所示。

图 2 - 2 - 11　实现错位文字的艺术效果

2.2.3　制作抖音风格的标题样式

老师,最近抖音很火,好多年轻朋友都在玩抖音,所以我想我们 PPT 的标题要是也能设计成抖音风格的,那肯定会给观众留下很深的印象。

嗯,抖音 Logo 设计得非常酷,符合年轻人的审美。今天我们就来制作一个抖音风格的 PPT 标题,方法其实也很简单,只需要将三个相同内容的标题错位叠加,然后将它们颜色设置为抖音 Logo 的颜色即可。

❶ **修改文字样式**:选择示例幻灯片中的标题文字。在**字号**输入框里输入 66。单击**加粗**图标,使所选文字加粗显示。接着将文字的颜色修改为红色,如图 2 - 2 - 12 所示。

❷ **复制标题**:使用键盘上的快捷键 **Ctrl＋d**,复制当前的标题文字。将文字的颜色修改为青色或浅蓝色。将文字移到红色文字的左上方,如图 2 - 2 - 13 所示。

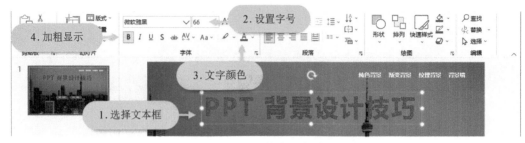

图 2 - 2 - 12　修改文字样式

图 2 - 2 - 13　复制标题

❸ **继续复制标题**：使用键盘上的快捷键 **Ctrl＋d**,再次复制标题文字。将文字的颜色修改为白色。然后移动白色文字,将它移到浅蓝色文字和红色文字的中间位置,如图 2 - 2 - 14 所示。

图 2 - 2 - 14　继续复制标题

这样就完成了抖音风格艺术标题的制作,最终效果如图 2 - 2 - 15 所示。

图 2 - 2 - 15　制作抖音风格的标题

复制对象的两种方式：

● 选择要复制的对象，按下键盘上的 **Ctrl＋d** 快捷键。

● 选择要复制的对象，按住 **Ctrl** 键，然后将对象拖到新的位置。

2.2.4　漂亮的鱼鳞渐变艺术字的制作

漂亮的鱼鳞渐变艺术字像鱼鳞一样，一个字压在另一个的上方，具有很强的艺术感、空间感和视觉冲击力。该效果的关键在于实现文字的渐变填充，样式从白色到透明渐变。

❶ **设置文字样式**：选择示例幻灯片中的内容为 **纯净感** 的文本框。在 **字号** 输入框里输入 240，以增加文字的尺寸。然后将文字的字体修改为 **幼圆** 字体，以使文字具有圆润、柔滑的视觉感受。单击 **加粗** 图标，使所选文字加粗显示，如图 2-2-16 所示。

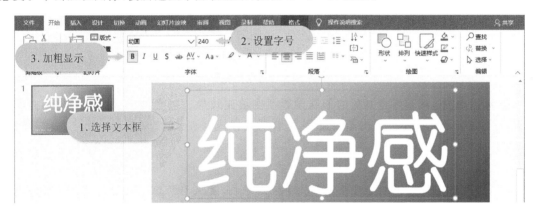

图 2-2-16　设置文字样式

为了给文字设置渐变填充的效果，需要将文字转换为形状。通过合并形状工具，可以将文字转换为形状。

❷ **绘制矩形**：首先绘制一个覆盖所有文字的矩形。在文字的上方绘制一个矩形，如图 2-2-17 所示。

❸ **拆分文字**：同时选择矩形和下方的文字。单击 **格式** 选项卡，显示格式功能面板。接着使用 **拆分** 命令，使用矩形对文字进行拆分，拆分后的文字将变为形状。

❹ **删除多余部位**：接着选择拆分后的不需要的形状，删除所选的对象。删除其他的多余形状，只保留文字的内容，如图 2-2-18 所示。

❺ **合并文字**：接着将拆分后的形状进行逐字合并。选择 **纯** 字的各个部位。单击 **格式** 选项卡，显示格式功能面板。单击 **合并形状** 下拉箭头，打开形状合并功能列表。选择 **合并** 命令，将所选形状合并为一个形状。使用相同的方法，将 **净** 字和 **感** 字的所有形状依次合并在一起。这样即可以为整个文字添加渐变效果。

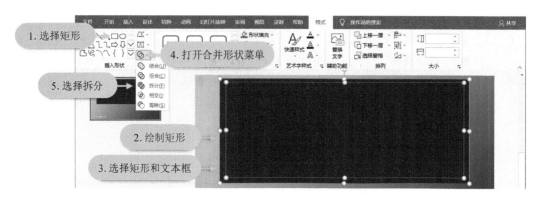

图 2 - 2 - 17 拆分文字

图 2 - 2 - 18 合并文字

❻ **渐变填充**：接着为合并后的形状设置渐变填充效果。选择**纯字**。单击**形状填充**下拉箭头，打开形状填充菜单。单击**渐变**命令，打开渐变样式列表。选择由左至右的渐变样式，如图 2 - 2 - 19 所示。

 使用形状填充命令可设置形状的填充方式，最简单的填充类型是纯色。但您也可以使用图片、渐变或纹理来填充形状。
方便的取色器工具可吸取任何其他对象的填充，作为所选对象的填充。

❼ **编辑渐变**：接着单击**形状样式设置**图标，打开设置形状格式的窗格。删除渐变滑杆中间的滑块。修改渐变的起始颜色，单击**颜色**下拉箭头，打开颜色拾取面板。选择**白色**作为渐变的起始颜色。同样选择**白色**作为渐变的结束颜色。将结束颜色的透明度设置为 **100**％。这样就创建了由纯白到透明的渐变，如图 2 - 2 - 19 所示。

❽ **复制渐变**：单击**开始**选项卡，返回开始功能面板。双击剪贴板命令组中的**格式刷**工具。在右侧的净字和感字上面单击，将渐变效果复制到这两个字，如图 2 - 2 - 20 所示。

❾ **叠加文字**：向左移动净字，将净字压在纯字的上方。向左移动感字，将感字压在净字的上方，以形成鱼鳞般依次排列的效果，如图 2 - 2 - 21 所示。

这样就完成了鱼鳞渐变艺术效果的制作，最终效果如图 2 - 2 - 21 所示。

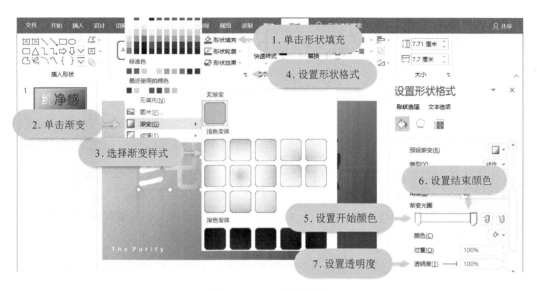

图 2-2-19　复制渐变

图 2-2-20　叠加文字

图 2-2-21　漂亮的鱼鳞渐变艺术字

2.2.5 奇特的镂空艺术文字的制作

镂空艺术来源于雕刻，它可以让观众透过标题文字的形状看到背后的内容，从而起到振憾眼球的效果。

制作镂空艺术字的步骤非常简单，关键在于巧妙使用**剪除**命令。

❶ **绘制矩形**：首先在文字的下方绘制一个矩形框。在插入形状面板中选择**矩形**工具，绘制一个巨大的矩形。将矩形的填充颜色设置为白色，如图 2-2-22 所示。

❷ **设置半透明效果**：接着将矩形的填充颜色设置为半透明，单击**形状样式**设置图标，打开设置形状格式窗格。单击**透明度**滑杆，增加矩形填充颜色的透明度。

图 2-2-22　绘制矩形

❸ **设置文字颜色**：由于文字在白色的背景下不易识别，我们来修改文字的颜色，首先选中所有的文字。然后将所选文字的颜色修改为黑色。

❹ **剪除文字**：接着开始制作镂空文字的艺术效果，首先选中刚刚绘制的矩形。按下键盘上的 **Shift** 键。在按下该键的同时，单击文本框，以同时选择两个对象。单击**格式**选项卡，显示格式功能面板。单击**合并形状**下拉箭头，打开形状合并功能列表。选择列表中的**剪除**命令，从第一个选择的形状中，剪除第二个选择的形状，如图 2-2-23 所示。

图 2-2-23　剪除文字

这样就完成了镂空文字的制作，最终效果如图 2-2-24 所示。

图 2-2-24　奇特的镂空艺术文字

2.3　幻灯片的段落组织技巧

老师，我设计的幻灯片从远处看时，总是感觉不够整洁，可我始终找不到原因，请老师帮忙分析一下。

小王，这种情况通常是由于段落组织欠佳造成的。
字多成行，行多成段。字距、行距和段距都会影响文字的展示效果，过小的字距、行距或段距都会让人感觉文字被揉成了一团，从而产生脏、乱、差的观感。

2.3.1　段落的字距、行间距、段距设置

现在来修复示例幻灯片在字体大小、字距、行距、段距等方面问题。

❶ 增加字号：首先选择文本框。单击**增加字号**图标，增加所选文字的尺寸，使文字更加清晰、易读，如图 2-3-1 所示。

❷ 增加字距：文字密密麻麻紧贴在一起，看起来非常的拥挤，现在来增加文字的字距。选中字距选项列表中的**很松**选项。此时字距得到了明显的改善。

❸ 增加行距：继续增加文字的行距，选中 2.0 选项，将行距增加到默认值的两倍。

❹ 增加段距：将光标移到第一段的末尾。单击**段落设置**图标，打开段落设置窗口。在**段前**输入框里，输入 30 磅，作为第二段和第一段之间的距离，如图 2-3-2 所示。

这样就完成了字距、行距和段距的设置，最终效果如图 2-3-3 所示。

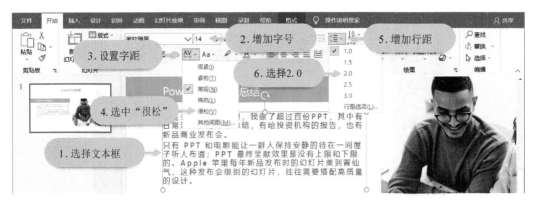

图 2 - 3 - 1　增加字号字距和行距

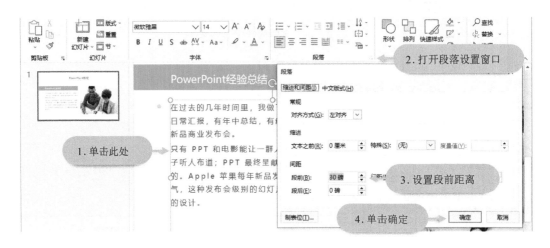

图 2 - 3 - 2　增加段前距离

图 2 - 3 - 3　修改字距、行距和段距的前后变化

　众所周知,网址(URL)很难挤在一行上。如果您的演示文稿包含长 URL,请考虑使用 URL 缩短服务来缩短网址,例如 https://goo.gs/。

2.3.2　幻灯片中的文字是用来瞄的

老师,每当我将演示文稿发给领导审核时,领导总是提醒我将文字内容再精减一些,到底精减到什么程度才合适?

小王,你的领导说的有道理。由于幻灯片常要给很多人看,所以通常大家不会在幻灯片中使用过多的文字。可以将文字内容中的主要信息提取出来,然后将提取出来的信息,放在幻灯片中的显眼位置。

以本节的幻灯片为例,文字内容主要是描述互动教程网的各项成就,因此我们可以将一些关键信息从最下方的文本框中提取出来。

❶ **绘制文本框**:打开**开始**选项卡,单击**形状**命令,选择**文本框**工具绘制一个文本框。然后在光标位置输入文字内容 **12M＋**,作为《互动教程》app 的下载量。

❷ **设置文字样式**:在**字号**输入框里输入 44,以增加文字的尺寸。接着将所选文字的字体修改为微软雅黑字体。单击**加粗**图标,使所选文字加粗显示。接着将文字的颜色设置为白色,如图 2-3-4 所示。

图 2-3-4　绘制文本框

❸ **修改文本框**:在按下 **Ctrl** 键的同时,向下方拖动,以复制该对象。然后修改第二个文本框里的内容为:全球下载量。

❹ **缩小字号**:接着来缩小第二个文本框中的文字的字号,将字号设置为 18。

❺ **组合文本框**:按下键盘上的 **Shift** 键。在按下该键的同时,单击上方的文本框,同时选

择两个文本框。使用快捷键 **Ctrl＋g** 将所选对象组合成一个对象。

 当相关的对象组合在一起时,它们可以一起从幻灯片中的一个位置移动到另一个位置,无须对组合的每个部分重复相同的步骤。

❻ **复制文本框**:接着以复制的方式,创建其他的关键信息。首先按下键盘上的 **Ctrl** 键。在按下该键的同时,向右侧拖动组合文本框,复制该对象。使用相同的方式,复制其他的对象。接着来修改这些文本框的内容,如图 2－3－5 所示。

图 2－3－5　复制文本框

这样就完成了关键信息的整理和布局,现在来调整它们的分布属性,使它们在水平方向上有相同的间距。

❼ **等距分布**:选择四组文本框。单击**排列对象**下拉箭头,打开排列命令列表。继续单击**对齐**命令,显示所有的对齐命令列表。选择列表中的**横向分布**命令,使四个文本框在水平方向上保持相同的间距,如图 2－3－6 所示。

图 2－3－6　等距分布

直接将四个文本框排列在背景图片的上方,如果感觉画面有些死板,建议在每两个相邻的文本框之间,绘制一条分隔线。

❽ **绘制分割线**:在插入形状面板中选择**线条**工具,在左侧两组文本框之间绘制一条垂直分隔线,如图 2－3－7 所示。

❾ **复制分割线**:接着以复制的方式,创建其他的分隔线,首先按下键盘上的 **Ctrl** 键。在按下该键的同时,向右侧拖动分割线,复制该对象。

图 2 - 3 - 7　绘制分割线

这样就实现了对内容的提炼，并对提炼后的内容进行了有效排版，如图 2 - 3 - 8 所示。

图 2 - 3 - 8　删除无用版式

 幻灯片应主要呈现演讲的关键问题，而不是成为演讲的剧本。也就是说幻灯片应该用于补充您的演讲，而不是重复演讲的内容。如果发现自己只是在阅读幻灯片，那么您需要重新考虑幻灯片上的内容。

2.4　幻灯片中的特殊元素

 老师，我有一个朋友是化学老师，他想要做一份包含化学方程式的 PPT，请问在幻灯片中插入公式会不会很困难？

由于 PowerPoint 的用途非常广泛，并且简单易用，很多老师喜欢用 Power-Point 制作课件。微软 PowerPoint 软件有强大的公式编辑功能，您可以很快速、方便地制作各种各样的公式。

2.4.1　如何在幻灯片中插入化学公式

本小节演示如何在幻灯片中插入化学公式，这个功能主要用于制作教育领域的演示文稿。

❶ 插入公式：首先单击**插入**选项卡，显示插入功能面板。再单击**符号**下拉箭头，打开符号功能面板。接着单击**公式**命令，往幻灯片中插入公式，如图 2-4-1 所示。

图 2-4-1　插入公式

此时进入公式设计模式，通过设计面板往公式中插入各种数、理、化符号。

❷ 插入下标：单击**设计**选项卡，打开设计功能面板。单击**上下标**下拉箭头，显示所有的上标和下标模板。选中**下标**选项，往公式中插入一个下标，如图 2-4-2 所示。

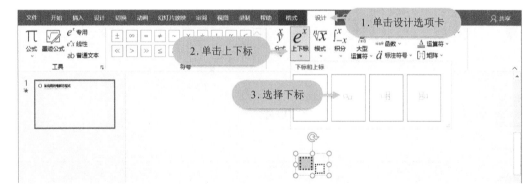

图 2-4-2　插入下标

❸ **编辑下标**：选择下标左侧的占位符。然后输入氯化铜的化学分子式。接着选择下标占位符。在下标占位符中输入数字 2,表示氯化铜分子中包含两个氯原子。

❹ **插入运算符**：接着继续方程式的制作,单击**运算符**下拉箭头,打开运算符模板列表。在**运算符结构**列表中,选择并插入一个运算符结构,如图 2－4－3 所示。

图 2－4－3　插入运算符

❺ **编辑运算符**：选择位于上方的占位符。使用键盘输入化学反应的条件为**通电**。按下键盘上的右向箭头,将光标向右侧移动。通过键盘输入铜的分子式 Cu,如图 2－4－4 所示。

❻ **插入加号**：在符号列表中选择**加号**,插入该符号。

❼ **插入下标**：接着再来输入氯气的分子式,首先再次插入一个下标。然后选择并编辑左侧占位符。通过键盘输入氯气的分子式。接着选择下标占位符。通过键盘输入数字 **2**,完成氯气的分子式。

❽ **插入向上箭头**：按下键盘上的右向箭头,将光标向右侧移动。在符号面板中单击向上箭头,在光标位置插入一枚向上的箭头,表示在化学反应过程中产生了气体。

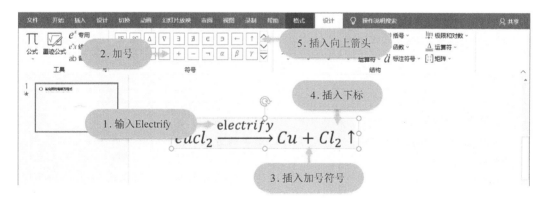

图 2－4－4　编辑运算符

❾ **调整公式**：放大化学公式的尺寸,以撑满整个版面。接着将公式移到幻灯片的中心位置。

这样就完成了氯化铜的电解方程式,最终效果如图 2－4－5 所示。

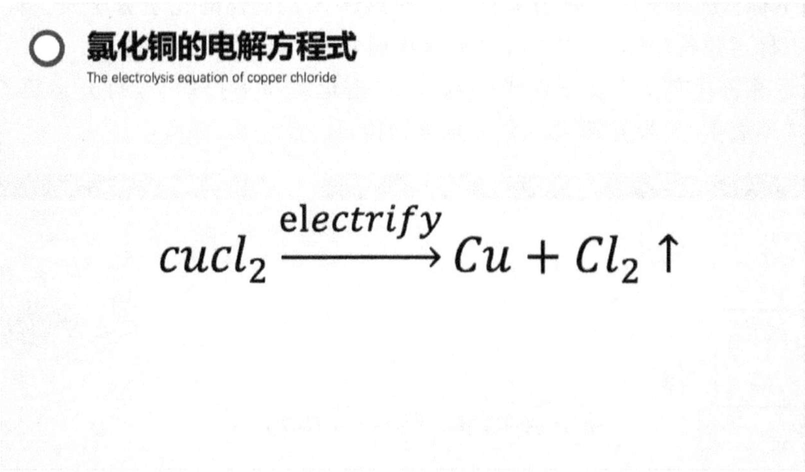

○ **氯化铜的电解方程式**
The electrolysis equation of copper chloride

$$cucl_2 \xrightarrow{\ electrify\ } Cu + Cl_2 \uparrow$$

图 2 - 4 - 5　调整公式

 史蒂文·霍金曾经说过,他的编辑告诉他,在他经典著作《时间简史》中每多一个方程式,都会使这本书的销量减少一半。最后整本书只有一个公式 $e = mc^2$。请使用刚刚学到的知识,在幻灯片中插入这个公式。

2.4.2　如何在幻灯片中制作书法艺术文字

 老师,我在第 2.1.6 章学会了如何下载艺术字体,可是嵌入字体后的 PPT 体积变大了好几倍,有什么更好的制作艺术文字的方法吗?

中国书法艺术字体是一种传统、美观的视觉艺术。除了前面讲到的通过安装书法字体之外,再为大家演示另一种生成书法文字的方式,这种方法不需要安装和嵌入字体。

❶ **进入网站**:首先打开毛笔字生成网站:**diyiziti. com/maobizi**。

❷ **选择字体**:然后打开毛笔字体列表。在打开的字体列表中,选择**钟齐志莽行书**。您也可以根据具体情况,尝试使用其他的字体。

❸ **设置规格**:在**大小**输入框里输入 150,增加文字的尺寸。在**宽度**输入框里输入 1540,增加生成的图片的宽度。然后设置图片的高度为 240。在**内容**输入框里,输入需要生成毛笔字的文字内容。设置透明背景作为图片的背景颜色,这样将生成透明的图片,只保留毛笔字的颜色信息。最后单击**保存图片**按钮,生成毛笔字图片,如图 2 - 4 - 6 所示。

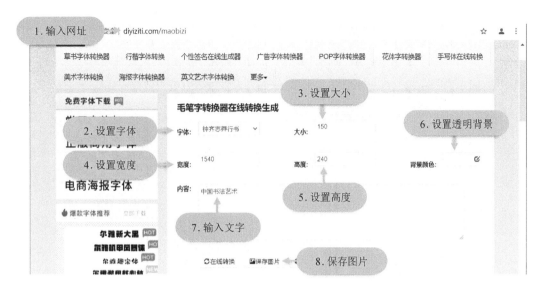

图 2 - 4 - 6　设置文字规格

接着返回 PowerPoint 界面。当前幻灯片是书法艺术展览的封面，现在将刚刚创建的毛笔图片插入到幻灯片中。

❹ **插入书法图片**：单击**插入**选项卡，显示插入功能面板。单击**图片**命令，打开图片来源列表。选择**此设备**命令，往幻灯片中插入刚刚制作的书法素材，如图 2 - 4 - 7 所示。

图 2 - 4 - 7　插入书法图片

这样就在幻灯片中插入了书法字体，现在来修改一下文字的颜色。

❺ **修改书法颜色**：单击**格式**选项卡，显示格式功能面板。单击**颜色**命令，打开颜色设置面板。选择**青色着色**样式，给图片中的文字进行着色，如图 2 - 4 - 8 所示。

这样就完成了书法文字的制作，最终效果如图 2 - 4 - 9 所示。

图 2 - 4 - 8　修改书法颜色

图 2 - 4 - 9　制作书法艺术文字

2.5　幻灯片中的文字排列技巧

老师,我会使用文本框往幻灯片中插入文字内容,可是如何排列这些文字才能使幻灯片变得漂亮呢?

幻灯片离不开文字,文字分为功能性文字和图形性文字。

功能性文字主要用于阅读,文字要能准确有效传达内容信息,一份合格的文字排版,应先是准确的,之后才是美观的。

下面讲解一些常见、实用的文字排版技巧。

2.5.1　常用的文字对齐方式

本小节演示一下常见的文字对齐方式,常见的对齐方式有以下五种,如图 2-5-1 所示。

图 2-5-1　常用对齐方式

❶ **居中对齐文字**:选择示例幻灯片中最左侧的文本框。单击**文字居中**图标,将所选文字居中对齐。将右侧的两个文本框中的文字也居中对齐。

❷ **居左对齐文字**:接着选择幻灯片底部的文本框。单击**左对齐**图标,将文本框里的文字居左对齐。当文本框的宽度较长时,比较适合将文字居左对齐,如图 2-5-2 所示。

图 2-5-2　对齐文字

这样就完成了段落文字的对齐设置,最终效果如图 2-5-3 所示。

前 后

图 2-5-3　常用的文字对齐方式

2.5.2　借助分布功能实现倾斜对齐

> 一个文本框中的文字拥有各种类型的对齐属性,而多组文本框拥有分布属性。通过分布功能可以使多组文本框保持相同的水平间距和垂直间距,从而实现整齐、有序、美观地排列。

❶ **移动文本框**:首先将四个文本框移到相应图形的上方,如图 2-5-4 所示。

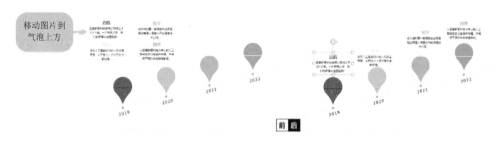

图 2-5-4　移动文本框

接着来调整四个文本框在水平、垂直两个方向上的间距,以使它们的排列更加整齐。

❷ **对齐和分布**:同时选择四个文本框。单击**格式**选项卡,显示格式功能面板。单击**对齐对象**图标,打开对齐和分布列表。选择**横向分布**命令,使四个文本框在水平方向上保持相同的间距。选择**纵向分布**命令,使四个文本框在垂直方向上保持相同的间距,如图 2-5-5 所示。

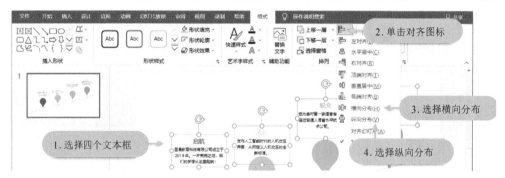

图 2-5-5　对齐和分布

这样就将所有文字进行了整齐的排列,最终效果如图 2-5-6 所示。

图 2-5-6　借助分布功能实现倾斜对齐

2.5.3 实现非常有创意的文字云

老师,我在网上经常见到非常酷的文字云效果,这种效果是怎么实现的,我曾经尝试过将文字手动摆成文字云的样子,但是都失败了。

文字云是一种非常有创意的文字组织方式,常用于数据统计图或者创意海报。小王,手动排列文字云效果,吃力又不讨好。我们可以借助现成的文字云制作网站,快速创建文字云效果。

❶ **进入网站**:首先进入文字云制作网站:**wordart.com/create**,如图 2-5-7 所示。

❷ **输入文字内容**:网页左侧是文字云设置区域。首先在 WORDS 设置区域,输入文字云图形中的所有文字元素。

图 2-5-7　Wordart 网站

❸ **选择文字云形状**:单击 **SHAPES**,打开形状设置面板。选择所需的形状用于生成相应形状的文字云,如图 2-5-8 所示。

图 2-5-8　选择形状

❹ **设置文字字体**：单击 **FONTS**，打开字体设置面板。选择一款手写字体，作为文字云中的所有文字的字体。

❺ **设置布局方式**：单击 **LAYEROUT**，打开布局设置面板。选择纵横交错类型，作为文字在图形中的排列方式，如图 2-5-9 所示。

图 2-5-9　设置布局方式

❻ **导出文字云**：单击 **transparent** 按钮，将导出后的文字云的背景颜色设置为透明，以方便融合任意类型的背景。单击顶部的 **Visualize** 视觉化按钮，根据以上的配置生成相应的文字云。完成文字云的制作之后，就可以将文字云导出为图片了。由于图片支持透明背景，所以选择 **PNG** 作为文字云的图片格式，如图 2-5-10 所示。

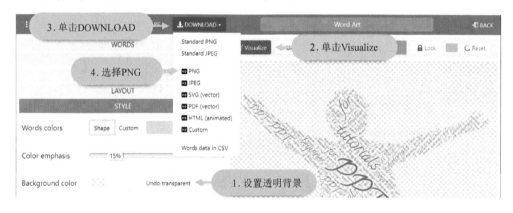

图 2-5-10　导出文字云

现在将刚刚生成的文字云，导入到您的幻灯片中。

❼ **插入图片**：单击**插入**选项卡，显示插入功能面板。单击**图片**命令，打开图片来源列表。选择**此设备**命令，往幻灯片中插入刚刚生成的文字云图片。将图片移到画面的中心位置，如图 2-5-11 所示。

图 2-5-11　插入图片

这样就完成了漂亮、富有创意的文字云的制作和使用，最终效果如图 2 - 5 - 12 所示。

图 2 - 5 - 12　实现非常有创意的文字云

2.5.4　把文字排成一个圆圈

这个艺术效果和上一小节的效果类似，制作起来也一样简单，只需要使用转换命令列表中的**跟随路径**选项即可完成。

❶ **绘制文本框**：首先绘制一个文本框。在**插入形状**区域选择**文本框**工具。在幻灯片中绘制一个文本框。然后在光标位置，输入文字内容。

❷ **跟随路径**：接着对文本框进行变换操作。单击**格式**选项卡，显示格式功能界面。单击**文字效果**下拉箭头，打开文字效果列表。然后使文字应用跟随路径效果，如图 2 - 5 - 13 所示。

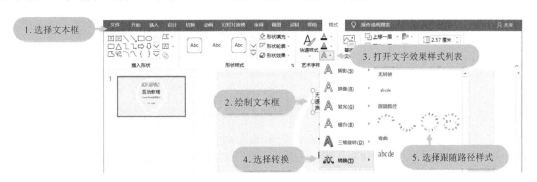

图 2 - 5 - 13　把英文字母排成一个圆圈

❸ **编辑文本框**：将鼠标按在定界框底边的控点上，并向下方拖动，增加文字的弯曲程度。接着增加文本框的宽度，以适配白色圆形的大小，使文字紧贴圆形的内壁，如图 2 - 5 - 14 所示。

图 2 - 5 - 14　编辑文本框

❹ **设置文字样式**：在**字号**文本框里输入 12，以缩小文字的尺寸。接着再增加文字的字距，选中稀疏选项，以避免文字过于拥挤。旋转文本框，使左右两端的文字保持水平对齐，如图 2 - 5 - 15 所示。

图 2 - 5 - 15　设置文字样式

这样就实现了让文字沿着圆形内壁排列的艺术效果，最终效果如图 2 - 5 - 16 所示。

图 2 - 5 - 16　把英文字母排成一个圆圈

2.6　幻灯片中的英文排版技巧

老师,我已经学会了很多实用的文字排版技巧,这些技巧往往是面向中文内容的,请问有没有面向英文的排版技巧。

不管是跨境电商,还是对外贸易,都经常需要使用 PPT 进行沟通联系,那就少不了面对英文排版的问题。好的英文排版会让用户感觉很舒适,不适的排版会拉低整个 PPT 的视觉品质。

英文排版和中文有些不同,我们需要区分每一个字母的可读性,最常见的问题是字母 I 和 i 大小写无法分辨,所以设计中需要注意这种字体。下面是几个常用的英文排版技巧,希望可以帮到你!

2.6.1　大间距与大行距的应用

小王,第一个技巧是给英文内容应用大间距和大行距。
对于文字较少的幻灯片,可以通过增加文字的字距、行距的方式,填补空荡的空间,同时也会让画面更加简洁、大气。

❶ **编辑文本框**:选择示例幻灯片顶点的文本框。拖动左侧定界框上的控点,增加文本框的宽度。然后单击**分散对齐**图标,使文字在水平方向上填满整个文本框,以突出商品的品牌,如图 2 - 6 - 1 所示。

图 2 - 6 - 1　编辑文本框

作为商品的名称,众多字母挤压在一个小小的空间里,既不易识别文字内容,又显得非常压抑,如图 2 - 6 - 2 所示,我们来优化一下商品名称的展示效果。

❷ **编辑商品名称**：选择商品名称所在的文本框,如图 2-6-2 所示。选择**其他间距**命令,打开字符间距设置窗口。在**度量值**文本框里输入 22,增加产品名称的字距。单击**确定**按钮,完成字距的设置。继续将产品名称的行距设置为 2.0,以增加文字的行距。

图 2-6-2　编辑商品名称

❸ **上移商品名称**：我们看到,产品名称和上方的品牌名称 **DIMOND** 的排版不太生动,我们将产品名称移到品牌名称的上方。

此时,产品名称和品牌名称的叠加显得更有设计感,画面不再单调。

❹ **编辑描述文字**：接着我们来增加下方产品描述文字的样式。将产品描述文字的行距设置为 2.0,以增加文字的行距,如图 2-6-3 所示。

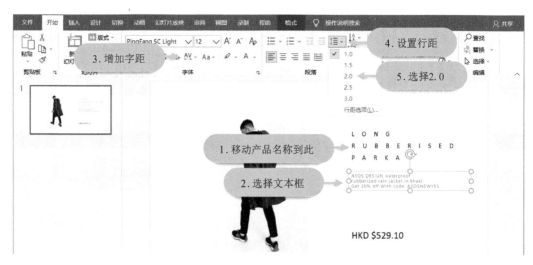

图 2-6-3　编辑描述文字

这样就完成了对幻灯片中文字内容的调整,经过调整这些文字的字距和行距,使整个版面更加大气,更有设计感,如图 2-6-4 所示。

图 2-6-4　大间距与大行距的应用

2.6.2　在文字中填充图片

在英文字母中填充图片是一种常见的设计方式,根据图片特点的不同,可以填充不同风格的艺术效果。

❶ 填充图片:单击**格式**选项卡,显示格式功能面板。单击**艺术字样式设置**图标,打开设置形状格式窗格。选中**图片或纹理填充**单选框。单击**插入**按钮,打开插入图片窗口。在打开的图片拾取窗口中,选择并插入所需的图片,如图 2-6-5 所示。

图 2-6-5　填充图片

此时已经将图片填充到文字中,最终效果如图 2-6-6 所示。

图 2－6－6　文字填充图片

2.6.3　无衬线字体和手写字体的搭配

老师,我经常听到设计师谈论关于**无衬线字体**和**衬线字体**,这两类字体到底是什么样的?

不管是中文字体还是英文字体,都可以分为有衬线字体和无衬线字体。

衬线指的是字形笔首位的装饰和笔画。

本小节示例幻灯片中的字体都是无衬线字体,也就是平滑字体,即以平滑、圆润为特点。但这样也会导致整个画面比较呆板,缺少灵动性。这时需要加入手写字体平衡一下。

❶ **设置标题字体**:选择内容为 **Ride** 的文本框。单击**字体**下拉箭头,打开字体列表。在打开的字体列表中,选择名为 **Rage Italic** 的手写字体。手写字体具有自由、随意、洒脱不羁的风格,与左侧配图的风格也比较匹配,如图 2－6－7 所示。

图 2－6－7　设置标题字体

❷ **编辑副标题**:为了使平滑字体和手写字体更好地融合,我们对副标题中的平滑字体进

行一些修改。首先修改它的字体为 **Agecy FB**,然后取消文字的加粗效果。将文字移到手写文字的内部。设置文字的字号为 **36**,以缩小文字如图 2 – 6 – 8 所示。

图 2 – 6 – 8　编辑副标题

接着将手写字体 Ride 中的第二个字母上面的小点去掉。

❸ **绘制矩形**:在插入形状面板中选择**矩形**工具,在字母 i 上方的小点上方绘制一个矩形。

❹ **剪除文字**:接着对手写文字和小矩形进行剪除运算,首先选择手写文字,按下键盘上的 Shift 键。在按下该键的同时,单击矩形以同时选择两个对象。单击**合并形状**下拉箭头,打开形状合并功能列表。选择**剪除**命令,从第一个选择的形状中,剪除第二个选择的形状,如图 2 – 6 – 9 所示。

图 2 – 6 – 9　剪除文字

这样就完成了手写字体和平滑字体相融合的创意,最终效果如图 2 – 6 – 10 所示。

图 2 – 6 – 10　无衬线字体和手写字体

美图:图片在幻灯片的灵活应用

第 3 章

您将在本章收获以下知识:

① 使用图片来"活跃"整张幻灯片版面的气氛
② 使用投影、边框等艺术效果美化图片
③ 寓意式、场景式和结果式配图法
④ 利用互联网搜索图片、插画和图标等素材
⑤ 借助图片版式工具对图片进行快速排版
⑥ 使用标注来修饰幻灯片中的标题文字
⑦ 使用形状表达并列关系的内容
⑧ 断开线条以增加版面的视觉舒适感
......

3.1　图片素材的应用技巧

老师，我经常听到诸如**一图胜千言**之类的话，所以我在幻灯片中经常会用到图片素材☺。

很好，小王！设计幻灯片应该谨记一个技巧：尽量使用视觉效果而非文字来表达观点！我们应该为观众展示更多的表格、图表和图片，而非乏味的文字。从图片中理解内容要比从文字中理解容易。

在 PPT 中使用最多的就是图片，**字不如表，表不如图**，最好的 PPT 用图片来说话，因为其符合观众的习惯。

嗯，既然图片在幻灯片中的这么重要，那么一定有不少在幻灯片中使用图片的诀窍吧？

是的，图片在幻灯片中很重要，很多 PPT 教程都在分享图片素材如何搜索，很少讲到图片的使用和排版技巧，我们来讲解一下图片的操作、排版和设计技巧，以便使 PPT 既专业又吸睛！

3.1.1　使用图片来"活跃"整张幻灯片版面的气氛

幻灯片中的图片元素，可以活跃整个版面的气氛，以及增强观众对文字内容的理解！

❶ **插入图片**：要插入图片，首先单击插入选项卡，显示**插入**功能面板。在插入功能面板中，单击**图片**下拉箭头，显示图片来源列表。然后单击**此设备**选项，打开拾取图片窗口。在打开的拾取图片窗口中，找到并选择需要插入的图片素材。单击底部的**打开**按钮，插入所选的图片，如图 3-1-1 所示。

图 3 - 1 - 1　插入图片素材

　建议您选择 JPEG 格式的图片(扩展名为.jpeg 或.jpg)作为插入 PowerPoint 演示文稿中的素材,因为 JPEG 可以在保证图片清晰的同时节省硬盘空间。

❷ **调整图片**:用鼠标按定界框左上角的控点,并向右下方拖动,缩小图片的尺寸。按住图片并向左拖动,将图片移到画面的左侧,如图 3 - 1 - 2 所示。

❸ **复制图片**:接着通过复制的方式增加另一张图片。按下键盘上的 **Ctrl** 键。在按下该键的同时,向右侧拖动图片以复制该对象。

图 3 - 1 - 2　调整图片

❹ **更改图片**:单击**更改图片**图标,更换第二张图片。单击**来自文件**命令,打开插入图片窗口。在打开的插入图片窗口中,双击图片缩略图,以插入该图片,如图 3 - 1 - 3 所示。

这样就完成了图片的插入和替换操作,最终效果如图 3 - 1 - 4 所示。

图 3 - 1 - 3　更改图片

图 3 - 1 - 4　使用图片活跃版面气氛

3.1.2　如何修改图片的尺寸以及调整图片的层次顺序

图片的操作技能很重要，所以本小节演示如何修改图片的尺寸以及调整图片和其他对象的层次顺序。

❶ 调整右侧图片：首先选择需要编辑的图片素材，在定界框右上角的锚点上按下并向左下方拖动，以缩小图片的尺寸。然后将图片移到画面的右侧。为了增强画面的立体感，单击排列命令组中的**下移一层**命令，将图片移到绿色线条的下方，如图 3 - 1 - 5 所示。

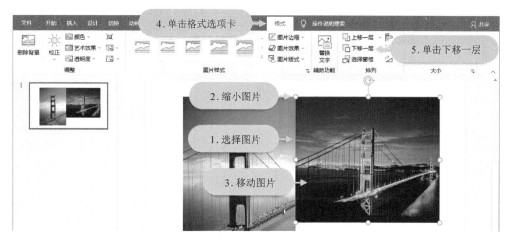

图 3-1-5 调整右侧图片

图片缩小和移动后的效果对比如图 3-1-6 所示。

图 3-1-6 图片缩小移动

❷ **调整左侧图片**:为了增强画面的平衡感,将左侧的图片移到幻灯片的左边。增加图片的尺寸,使图片在垂直方向上撑满整个版面。单击**下移一层**右侧的下拉箭头,打开下移命令列表。选择**置于底层**命令,将所选对象移到其他对象的下方,如图 3-1-7 所示。

图 3-1-7 调整左侧图片

这样就完成了图片尺寸、位置和层次顺序的调整,最终效果如图 3-1-8 所示。

图 3-1-8　修改图片尺寸调整图片层次

3.1.3　对图片进行剪切,使图片尺寸和周围的元素匹配

当插入的图片尺寸和周围的元素不搭配时,除了直接将图片进行缩放之外,还可以对图片进行裁切操作。

首先插入一张图片素材,这张图片素材将被放置在笔记本电脑的屏幕上。

❶ **插入图片**:单击**插入**选项卡,显示插入功能面板。单击**图片**命令,打开图片来源列表。选择**此设备**命令,往幻灯片中插入,如图 3-1-9 所示。

❷ **调整图片**:由于这张图片素材的尺寸巨大,无法嵌入到笔记本电脑的屏幕上,所以先缩小一下图片的尺寸。然后将图片移到笔记本屏幕的上方,使图片的左下角和屏幕的左下角保持对齐。

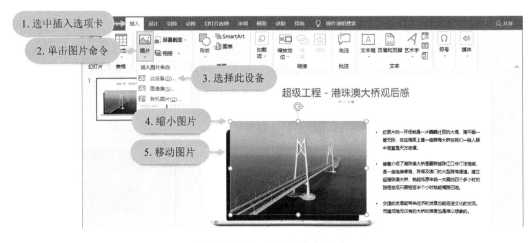

图 3-1-9　插入图片素材

❸ **裁剪图片**:单击**格式**选项卡,显示插入功能面板。单击**裁剪**命令,进入图片裁剪模式,此时图片四周出现八个裁剪手柄。在右上角的裁剪手柄上按下,并向左下方拖动,将图片裁剪

到笔记本屏幕的右上角。再次单击**裁剪**命令，退出图片裁剪模式，如图 3 - 1 - 10 所示。

图 3 - 1 - 10　裁剪图片

图片虽然在视觉上看起来被裁剪了，其实图片本身并没有改变，只是它的一部分被掩盖了而已。

这样就完成了图片的裁剪工作，最终效果如图 3 - 1 - 11 所示。

图 3 - 1 - 11　裁切图片

如果您需要取消裁剪，可以右键单击图片，从出现的菜单中单击**设置图片格式**命令，然后选择**重置**命令。

3.1.4　利用 PowerPoint 提供的颜色工具调整图片色彩

老师,有的图片素材的颜色与幻灯片其他对象并不匹配,可我不会使用像 Photoshop 之类的图像处理软件,有什么好的解决方案吗?

小王,当图片的色彩和幻灯片中的其他对象不协调时,可以利用 PowerPoint 提供的**颜色**工具调整图片的色彩。
颜色工具的使用非常简单,不需要使用专业的图像处理技能。

首先往幻灯片中插入一张人物肖像照片。

❶ **插入图片**:单击**插入**选项卡,显示插入功能面板。单击**图片**命令,打开图片来源列表。选择**此设备**命令,往幻灯片中插入人物肖像照片,如图 3-1-12 所示。

❷ **对齐图片**:接着将人物图片和幻灯片的右侧边界保持对齐。选中**格式**选项卡,显示插入功能面板。单击**对齐对象**图标,打开对齐命令菜单。确保菜单底部的**对齐幻灯片**处于选中的状态,然后选择菜单中的**右对齐**命令。

❸ **下移图片**:单击**下移一层**命令,将图片放在文字的下方。

图 3-1-12　插入图片素材

❹ **图片去色**:再去除图片中的彩色信息,单击**格式**功能面板中的**颜色**命令,打开颜色调整面板。在**颜色饱和度**样式列表中,选中最左侧的选项,降低颜色的饱和度。接着再来调整图像的对比度,单击**校正**命令,打开色彩校正面板。选择**饱和度 0%** 样式,降低图片的亮度,如图 3-1-13 所示。

调整图片色彩和亮度后,图片和周围元素更加完美融合,如图 3-1-14 所示。

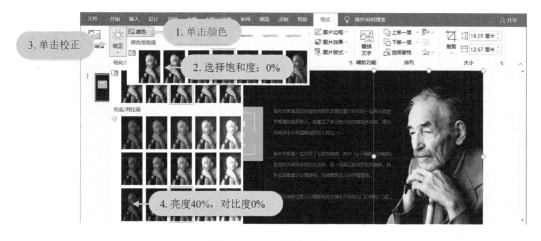

图 3 - 1 - 13　图片去色

图 3 - 1 - 14　使用颜色工具调整图片色彩

3.1.5　如何使用投影、边框等艺术效果美化图片

接着上面话题继续讲,PowerPoint 除了可以修改图片的颜色,还可以为像专业的图像处理软件一样,给图片添加阴影、影像、发光、柔化边缘、棱台和三维旋转等效果。

- **阴影**:对图片施加投影效果。您可以选择预定义的阴影效果或自定义阴影。
- **反射**:在原始图片下方创建图片的反射图片。
- **发光**:在图片边缘添加发光效果。
- **柔化边缘**:柔化图片的边缘。
- **斜面**:创建三维斜面外观。
- **3D 旋转**:以创建三维效果的方式旋转图片。

❶ **给图片添加阴影**:选择幻灯片中最上方的图片。单击**格式**选项卡,显示格式功能面板。单击**图片效果**,打开图片效果功能列表。单击**阴影**选项,显示所有预设的阴影样式。选择所需的阴影样式,阴影位于图片的右下方,如图 3 - 1 - 15 所示。

图 3-1-15　图片添加阴影

❷ **设置阴影**：接着对阴影样式进行调整，单击图片样式设置图标，打开设置图片格式窗格。将**模糊**参数的值设置为 7 磅，以增加阴影的模糊程度。

❸ **设置图片轮廓**：单击**图片边框**命令，打开图片边框设置面板。将图片轮廓的颜色设置为白色，如图 3-1-16 所示。

图 3-1-16　设置图片轮廓

❹ **设置轮廓宽度**：然后设置轮廓的宽度，单击**填充与轮廓**图标，打开填充和线条设置面板。将**宽度**的值设置为 10，以增加图片轮廓的宽度。

❺ **复制样式**：单击**开始**选项卡，显示开始功能面板。单击**格式刷**图标，激活格式刷工具。在其他图片上单击，将阴影效果和边框样式，复制到其他对象上，如图 3-1-17 所示。

图 3-1-17　复制样式

这样就完成了对幻灯片中的图片素材的美化,最终效果如图 3 - 1 - 18 所示。

图 3 - 1 - 18　使用投影和边框美化图片

3.2　幻灯片的配图技巧

老师,图片素材的质量直接影响 PPT 的质量,那么我该如何挑选合适、优质的素材图片呢?

图片在 PPT 中的定位就如同一个人的衣着品味,不同的穿衣风格,会使别人为你打上不同社会属性的标签。因此我们对图片的质量要加以重视,下面我会给你带来一些幻灯片的实用配图技巧!

3.2.1　如何在幻灯片中使用 gif 动画

互联网上有大量的 gif 动画,如果将这些 gif 动画引入到幻灯片中,一定可以提升视觉效果。

❶ **查找 gif 动画**:首先在浏览器的地址栏输入 gif 资源网址 **giphy. com**。然后在搜索框里,输入 **universe** 作为 gif 动画的关键词。单击右侧的**搜索**图标,开始搜索指定关键词的动画。当找到所需的动画后,单击动画缩略图,进入动画信息页面,如图 3 - 2 - 1 所示。

❷ **下载 gif 动画**:当需要下载动画时,只需在动画上方单击鼠标右键。然后在右键菜单中,选择**图片另存为**命令,将动画保存到指定的文件夹,如图 3 - 2 - 2 所示。

图 3 - 2 - 1　giphy 网站

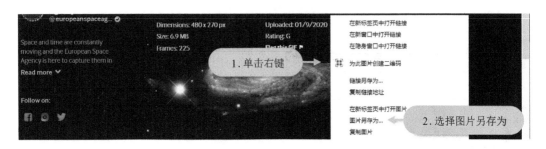

图 3 - 2 - 2　下载 gif 动画

这样就可以将 gif 动画导入到幻灯片里了，我们先返回 PowerPoint 界面。

❸ **导入 gif 动画**：单击**插入**选项卡，显示插入功能面板。单击**图片**命令，打开图片来源列表。选择**此设备**命令，往幻灯片中插入刚刚下载的 gif 动画到幻灯片中，如图 3 - 2 - 3 所示。

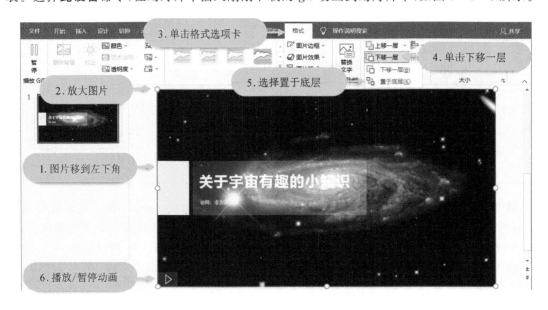

图 3 - 2 - 3　导入 gif 动画

❹ **调整 gif 动画**：将 gif 动画移到幻灯片的左下角。然后放大动画的尺寸，以铺满整张幻灯片。接着将 gif 动画置于底层，作为整张幻灯片的背景。单击 gif 动画左下角的播放图标，

可以播放 gif 动画。

这样就完成了动画背景的制作,幻灯片放映后的效果如图 3-2-4 所示。

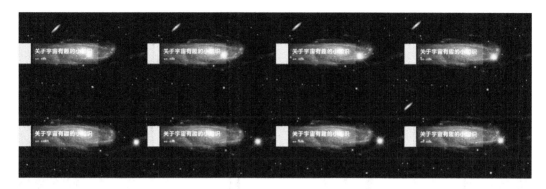

图 3-2-4 在幻灯片中使用 gif 动画

3.2.2 使用色块来装饰幻灯片中的图片

孤零零的图片看起来比较突兀,如果在图片的周围添加一些图形元素,可以起到很好的装饰作用。

❶ 绘制矩形:打开**开始**选项卡,单击**形状**命令,选择**矩形工具**,在图片的右上角绘制一个矩形,如图 3-2-5 所示。

图 3-2-5 绘制矩形

❷ 调整矩形:单击**下移一层**命令,将所选对象移到图片的下方。将图形向右侧移动一小段距离,让图形和图像保持相同的右边距和顶边距,如图 3-2-6 所示。

❸ 再次绘制矩形:使用相同的方法在图片的左下角绘制另一个矩形。单击**下移一层**命令,将所选对象移到图片的下方,如图 3-2-7 所示。

图 3 - 2 - 6 调整矩形

图 3 - 2 - 7 再次绘制矩形

❹ **绘制矩形**:在商品价格的位置也绘制一个矩形作为商品价格的背景,以突出显示商品的价格。使用**下移一层**命令,将矩形移到商品价格的下方。接着将矩形的填充颜色修改为浅绿色,如图 3 - 2 - 8 所示。

图 3 - 2 - 8 绘制第三个矩形并设置颜色

接着将矩形和购物车图标、商品价格文本框进行居中对齐。

❺ **矩形和文字对齐**:同时选择这些元素,按下键盘上的 **Shift** 键。在按下该键的同时,依次单击矩形上方的图标和文本框,以同时选择三个对象。单击**格式**选项卡,显示格式功能面板。然后将所选元素水平居中对齐。

为了使图标和文字和矩形更加协调,我们来调整图标和文字的颜色。

❻ **调整图标和文字颜色**：选择矩形上方的购物车图标,单击**形状填充**命令,将图标的填充颜色修改为白色。同样将文字的颜色也修改为白色,如图3-2-9所示。

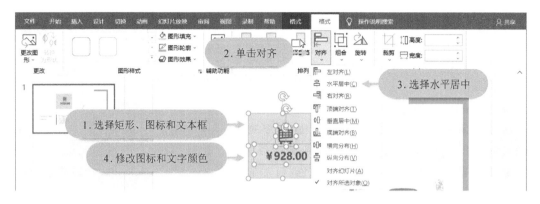

图 3-2-9 调整图标和文字的颜色

这样就完成了图形和图片的完美结合,最终效果如图3-2-10所示。

图 3-2-10 使用色块装饰图片

 如果只使用图片进行排列,画面比较单调。图片与色块组合在一起时,版面就变得更加丰富、有趣了,此外还可以利用色块来调整文字的摆放位置。

3.2.3 寓意式配图法、场景式配图法和结果式配图法

 老师,就像每天早上选择着装一样,给每张幻灯片选择合适的配图也是非常头疼的事情,您有没有简单、粗暴的配图方法?

小王,很多人都会对幻灯片的配图感到非常头疼,不太清楚如何选择合适的图片素材。现在我将介绍三种配图法宝:寓意式配图法、场景式配图法和结果式配图法。

首先演示寓意式配图法的应用,顾名思义,寓意式配图法就是选取抽象化的图片来表现或烘托幻灯片的主题。

❶ **插入图片**:单击**插入**选项卡。单击**图片**命令,打开图片来源列表。选择**此设备**命令,往示例幻灯片中插入一张跑步竞技的图片,图片中的充满张力的人体造型,表达了直面竞争、顽强拼搏的精神,充分契合岗位竞聘的主题。

❷ **编辑图片**:由于人物的方向不正确,需要对图片进行水平翻转,使人物面向幻灯片的主题文字。单击**旋转对象**图标。选择**水平翻转**命令,如图 3-2-11 所示。

❸ **图片着色**:由于图片的颜色是黑色,与背景颜色很难区分开来,所以需要调整图片的色彩。单击**颜色**命令。在**重新着色选项**区域,选择所需的着色样式。

图 3-2-11　图片着色

❹ **调整图片**:将图片移到幻灯片的右侧,以免遮挡主题文字。根据幻灯片的大小,适当缩小图片的尺寸。这样就完成了寓意式配图法的应用,效果如图 3-2-12 所示。

图 3-2-12　寓意式配图法

接着打开第二张示例幻灯片,以演示场景式配图法的应用。由于幻灯片表达的英国旅游市场的主题,根据场景式配图方法,我们可以选取一张与英国旅游相关的场景图片。

❺ **插入图片**:单击**插入**选项卡,显示插入功能面板。单击**图片**命令,打开图片来源列表。选择**此设备**命令,插入一张以伦敦眼为主题的图片,作为幻灯片的背景。

❻ **编辑图片**:通过**置于底层**命令,将图片移到文字的下方。然后再通过**校正**命令,降低图片的亮度,以突出显示图片上方的文字内容,如图 3-2-13 所示。

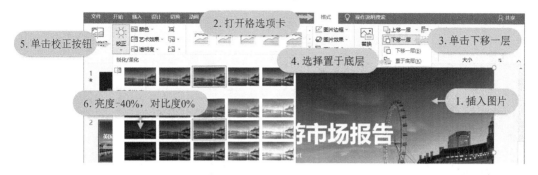

图 3-2-13　编辑图片

如果一个主题可以使用场景来描述或表达,就可以使用场景式配图方法。场景式的配图可以使幻灯片的主题一目了然,如图 3-2-14 所示。

图 3-2-14　场景式配图法

接着打开第三张幻灯片,演示结果式配图方法。当幻灯片的主题以宣传为主时,可以使用被宣传的事物所能产生的成果,作为幻灯片的配图。

❼ **插入图片**：由于第三张幻灯片的主题为招生宣传,所以我们选择一张学生的毕业照片,作为幻灯片的配图。

❽ **调整图片**：单击**对齐对象**图标,打开对齐命令菜单。将图片移到幻灯片的顶部。接着通过**置于底层**命令,将图片放在文字的下方,如图 3-2-15 所示。

图 3-2-15　调整图片

这样就完成了结果式配图法的应用,最终效果如图 3-2-16 所示。

图 3-2-16　结果式配图法

如果一张幻灯片的主题和宣传有关,就可以使用与宣传事物相关的成果图片,作为幻灯片的配图。

3.2.4　如何压缩幻灯片中的图片素材

图片对于 PPT 来说非常重要,但是当 PPT 包含大量图片时,或当图片是高清图片时,演示文稿的体积往往比较超大。例如本节示例文稿的体积约为 7.8 兆,为了方便分享,我们需要压缩一下这份文稿。

❶ **压缩图片**:选择幻灯片中需要压缩的图片。单击**格式**选项卡,显示格式功能面板。单击**压缩图片**图标,打开压缩图片设置窗口。选中**仅应用于此图片**复选框,如果需要对幻灯片中的所有图片进行压缩,则不需要选此复选框。选中**删除图片的剪裁区域**复选框,剪裁区域之外的图片将被去除,此后将无法再调整原图的裁剪范围。选中**电子邮件**单选框,设置压缩后的图片的分辨率,如果您的幻灯片需要打印输出,则可以根据需求选择上方的几个分辨率选项。最后单击**确定**按钮,完成图片的压缩,如图 3-2-17 所示。

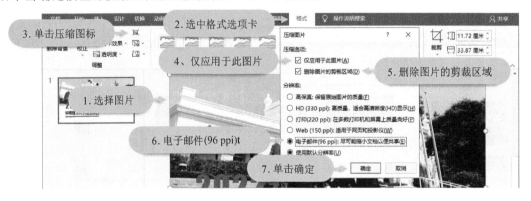

图 3-2-17　压缩图片

❷ **对比压缩效果**:图片压缩之后,切换到原来的文件夹,查看压缩后的演示文稿的体积。此时演示文稿的体积从原来的约 7.8 兆,降低到现在的约 1.1 兆。

使用图片压缩功能大幅降低演示文稿的体积,可以更加方便传播和分享演示文稿,如图 3 - 2 - 18 所示。

名称	类型	大小
图片.pptx	Microsoft Power...	7,865 KB
图片-压缩图片.pptx	Microsoft Power...	1,147 KB

图 3 - 2 - 18　对比压缩效果

数码照片包含了大量的细节内容,这对于大部分幻灯片来说是浪费的。这是因为数码相机旨在创建可以在高分辨率打印机上打印的图片。但大多数显示器、投影仪的分辨率要低得多,因此 PowerPoint 包含一个压缩图片命令,该命令可以消除图像中无关的细节,从而减小演示文件的大小。

3.2.5　如何将众多图片制作成照片墙,并作为幻灯片的背景

老师,领导给我分享了几份看起来非常大气的 PPT,要我参照制作相同风格的 PPT。我仔细分析了那几份 PPT,发现它们使用的都是照片墙背景,请问怎么制作这种高端、大气、上档次的照片墙?

使用照片墙作为幻灯片或其他类型设计作品的背景,可以让作品显得更加简约、大气。将一张张图片手工摆成照片墙的样式也是可以的,但是太费时、费力了,所幸有在线工具可以帮助我们快速创建照片墙。

❶ **进入照片墙编辑网站**:如图 3 - 2 - 19 所示要制作照片墙,首先打开浏览器,并输入网址 **fotor. com/cn/features/collage. html**。在**拼图模板**列表中,选择所需的拼图模板。接着修改拼图的尺寸,使拼图的宽高比和幻灯片的宽高比相同。然后单击右上角的**打开**按钮,打开图片拾取窗口。使用键盘上的快捷键 Ctrl＋a,全选文件夹中的所有图片素材。单击**打开**按钮,导入所选的图片。

这样简单几个步骤,就完成了照片墙的制作,现在来导出完成的照片墙。

❷ **导出图片**:单击右上角的**导出**按钮,打开导出设置窗口。在文件格式列表中,选择支持透明格式的 png 选项。然后选中**将所有页设置为透明背景**复选框,以生成透明背景的照片墙。最后单击**下载**按钮,完成照片墙图片的下载,如图 3 - 2 - 20 所示。

❸ **导入图片**:我们将刚刚制作的照片墙作为当前幻灯片的背景。单击**插入**选项卡,显示插入功能面板。单击**图片**命令,打开图片来源列表。选择**此设备**命令,找到并导入照片墙图

片,如图 3 - 2 - 21 所示。

图 3 - 2 - 19 　Fotor 网站

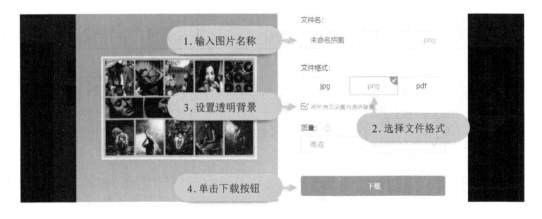

图 3 - 2 - 20 　导出图片

❹ **下移图片**:通过**下移一层**命令,将导入的图片放置在其他对象的下方。

由于背景图片的色彩比较丰富,影响了主题文字的显示效果,我们来降低图片亮度。

❺ **降低图片亮度**:单击**校正**命令,打开图片校正设置面板。单击**图片校正**选项,打开设置图片格式窗格。在**亮度**输入框里,输入 -60,以降低图片的亮度,如图 3 - 2 - 21 所示。

❻ **修改文字颜色**:接着来设置文字的颜色,首先选择标题文本框。按下键盘上的 **Shift**键。例如在按下该键的同时,选择下方的内容为**演讲人:李发展**的文本框,同时选择这两个对象,然后将所选文字的颜色设置为**白色**,以区分黑色的背景。

这样就完成了照片墙的制作,最终效果如图 3 - 2 - 22 所示。

图 3 - 2 - 21　降低图片亮度

图 3 - 2 - 22　制作照片墙作为幻灯片背景

3.2.6　如何利用互联网搜索图片、插画和图标等素材

小王,前面讲到的知识点基本上都是图片素材的操作技巧,现在我将介绍如何获取互联网上免费、正版、高清的图片、插画和图标等素材。

❶ 搜索图片:首先打开浏览器,并进入免费正版素材网站 **pixabay.com** 。在搜索框里输入关键词。按下键盘上的回车键,开始搜索相关的图片,如图 3 - 2 - 23 所示。

图 3 - 2 - 23　Pixabay 网站

❷ **下载图片**：当找到所需的图片时，单击图片的缩略图，进入图片信息页面。这时可以单击右侧的**免费下载**按钮，弹出图片尺寸列表。每一张图片都包含多种尺寸，您可以根据需要选择合适的尺寸。然后单击**下载**按钮，下载该图片，如图 3-2-24 所示。

图 3-2-24　下载图片

❸ **搜索插画**：接着演示如何寻找漂亮的插图。单击右上角的**探索**链接，打开探索功能面板。面板左侧的一列是各种类型的媒体资源，选中**插画**选项，此时显示了资源库中的所有插画资源，如图 3-2-25 所示。

图 3-2-25　搜索插画

❹ **Pexels 网站**：接着介绍另一个类似的免费正版资源网站 **pexels. com** 。该网站同样提供了大量优质的图片和视频资源。单击网站右上角的**探索**链接，可以打开免费素材类型列表。选择**免费视频**链接，即可查看网站中的所有高清视频素材，如图 3-2-26 所示。

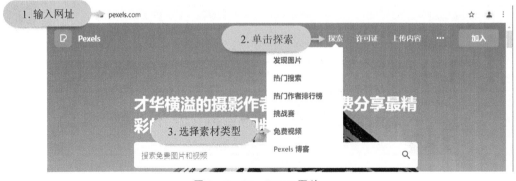

图 3-2-26　Pexels 网站

除了图片、插画和视频材料,您还可以找到很多漂亮的图标素材。

❺ **图标素材 IconFont**:打开图标资源网站 iconfont.cn。由于所有的图标是按照组进行分类的,当找到所需类型的图标组时,单击缩略图,可以查看该组的所有图标,如图 3 - 2 - 27 所示。

图 3 - 2 - 27　IconFont 网站

❻ **下载图标**:当鼠标移到图标的上方时,会显示图标操作面板。使用下面的一排按钮,即可下载不同格式的图片,如图 3 - 2 - 28 所示。

图 3 - 2 - 28　删除无用版式

3.3　幻灯片图片快速排版

老师,我前面学到的图片排版技巧非常实用,可是这些技巧的应用都需要花费一定的时间,有没有一些可以快速排版的技巧,以应对一些紧急的突发任务。

在设计 PPT 时,为了保持版面的美观和工整,我们需要不断地对图文进行对齐和调节,这的确令人头疼。所幸 PowerPoint 提供了相册、图片版式和 SmartArt 功能,使用它对图文进行快速排版。

3.3.1　如何快速生成一份漂亮的相册

相册功能很强,我们可以使用它在 PowerPoint 演示文稿中有效放置一堆照片,而无须一次创建一张幻灯片、插入照片,并忍受其余的烦琐工作。

本小节演示如何将电脑中的图片素材快速生成一份漂亮的相册。

❶ **新建相册**:首先单击**插入**选项卡,显示插入功能面板。选择插入功能面板中的**相册**命令,打开相册功能菜单。选择**新建相册**命令,打开相册编辑窗口。在打开的相册编辑窗口中,单击**文件或磁盘**按钮,导入所需的图片素材。

在导入图片之后,可以对相册进行一些设置。

❷ **配置相册**:如果需要创建怀旧风格的相册,可以选中**所有图片以黑白方式显示**复选框。接着修改图片在相册中的版式,选中**两张图片**选项,使每页相册包含两张图片。继续设置相框的形状,选择**简单框架及白色**选项作为图片的相框。最后单击**创建**按钮,完成相册的创建,如图 3-3-1 所示。

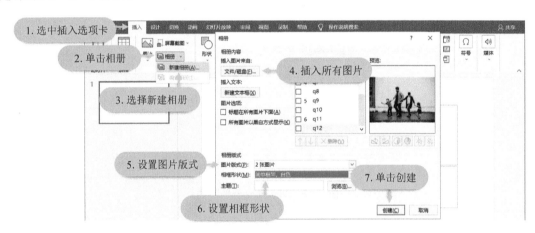

图 3-3-1　配置相册

❸ **放映幻灯片**:相册创建完成后,可以看到相册的封面和各个内页,如图 3-3-2 所示。单击底部的**幻灯片放映**图标,开始放映整个相册。首先显示的是相册的封面,单击任意位置,即可显示下一张幻灯片。

这样就完成了相册的创建和放映,最后按下键盘上的 **Esc** 键,退出相册的放映。

相册常用于一次将多张图片插入到演示文稿中。不一定要在相册中塞满照片,您可以用相册功能创建产品宣传册或者作品集。

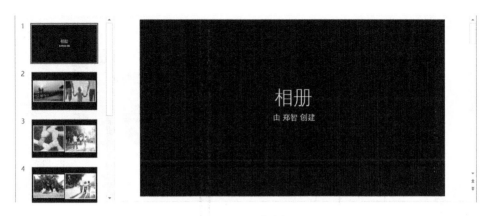

图 3 - 3 - 2　放映相册

3.3.2　如何借助图片版式工具对图片进行快速排版

当幻灯片中有很多图片，并且你对这些图片的排版一头雾水时，可以借助**图片版式**工具，对图片进行快速排版。本小节示例幻灯片中的图片是公司创始团队的头像，下面我们使用图片版式对头像进行排列。

❶ **使用版式**：首先选择本小节示例幻灯片中的所有图片。单击**格式**选项卡，显示格式功能面板。单击**图片版式**命令，打开图片版式列表。图片版式列表包含了各种常见关系的版式，由于示例幻灯片中的图片属于并列关系，所以选择并列图片版式，如图 3 - 3 - 3 所示。

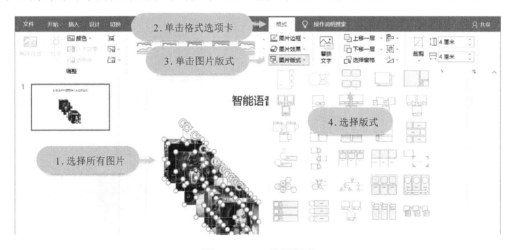

图 3 - 3 - 3　使用版式

❷ **调整版式**：我们可以通过拖动定界框上的控点来调整版式的宽度，以适配幻灯片的尺寸。将版式移到幻灯片的中心位置，如图 3 - 3 - 4 所示。

在每张图片名称的下方都有一个文本框，可以用来设置团队成员的名称。

❸ **修改图片标题**：单击第二个成员的名称，删除原来的名称，并输入新的名称。继续设

103

置其他成员的名称。

图 3-3-4　修改图片标题

❹ **调整版式顺序**：如果需要调整成员在排列中的顺序，可以打开**文本窗格**。用鼠标单击第二名成员的头像上方，打开右键菜单。选择菜单中的**上移**命令，将第二名成员移到第一名的位置，如图 3-3-5 所示。

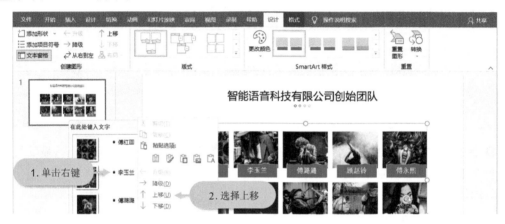

图 3-3-5　调整版式顺序

这样就通过图片版式工具，快速完成了图片的排版，最终效果如图 3-3-6 所示。

图 3-3-6　使用图片版式进行快速排版

3.3.3　利用 SmartArt 快速生成漂亮的组织结构图

PowerPoint 包含一个名为 SmartArt 的漂亮功能,可帮您将几种不同类型的有用图表添加到幻灯片中。使用 SmartArt,可以创建列表、流程、循环、层次结构、关系、矩阵、金字塔和图片图表。

- ● **列表**:这些图表可以直观地表示相关或独立信息的列表。
- ● **流程**:这些图表直观地描述了完成任务所需的有序步骤集。
- ● **循环**:这些图表示步骤、任务或事件的循环序列。
- ● **层次结构**:这些图表说明了组织或实体的结构,例如公司的管理结构。
- ● **关系**:这些图表显示了收敛、发散、重叠、合并或包含元素。
- ● **矩阵**:这些图表显示了组件与整体的关系。
- ● **金字塔**:这些图表说明了比例或相互关联的关系。

SmartArt 图表背后的基本思想是将项目符号列表表示为互连形状的图表。这些图表由多个元素组成,例如形状和线条。

SmartArt 本身有绘制这些元素的功能,因此您不必手动绘制单独的元素。

本小节演示如何利用 Smart Art 快速生成漂亮的公司组织结构图。

❶ **添加项目符号**:首先选择已经输入的文字素材。单击**项目符号**图标,给文字添加项目符号。下面来调整部门的级别,从而生成不同级别的组织结构图。

❷ **设置部门级别**:首先选择总裁下方的这五个部门。单击**增加缩进**图标,将所选文字向右侧偏移。选择并调整两个研发部门的级别,单击**增加缩进**图标,将两个研发部门向右侧偏移,如图 3 - 3 - 7 所示。

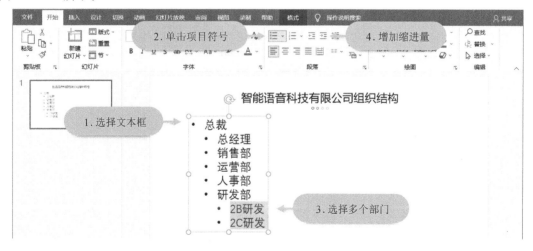

图 3 - 3 - 7　设置部门级别

❸ **生成结构图**：单击 SmartArt 图形右侧的下拉箭头，打开 SmartArt 模板窗口。单击最下方的**其他 SmartArt 图形**命令，打开 SmartArt 图形拾取窗口。从左侧的类别列表可以看出，SmartArt 图形共分为 9 个组，选择查看**层次结构**组中的图形。然后选择**层次结构**图形。单击**确定**按钮，完成 SmartArt 图形的选择，如图 3-3-8 所示。

图 3-3-8　生成结构图

❹ **修改结构图配色**：如果对组织结构图的配色不满意，可以修改它的主题颜色。单击**设计**选项卡，打开设计功能面板。单击**更改颜色**命令，显示主题颜色预设面板。选中彩色组中的第一个配色选项。此时不同级别的部门，拥有了不同的颜色，使部门的层级更加明显，如图 3-3-9 所示。在结构图样式列表中，单击选择一种三维样式。

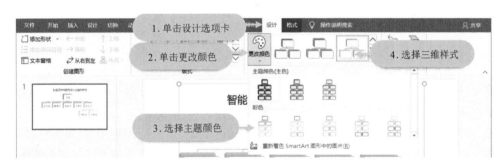

图 3-3-9　结构图配色

这样就完成了公司组织结构图的制作，最终效果如图 3-3-10 所示。

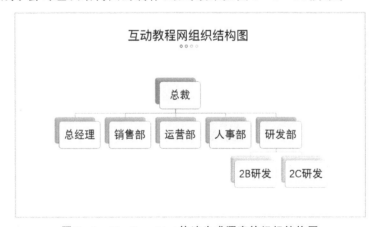

图 3-3-10　SmartArt 快速生成漂亮的组织结构图

3.4　幻灯片中的形状使用技巧

老师,我已经学到了很多文字排版、图片排版、图文混排的技巧。您能再教我一些形状的使用技巧吗?我看 PowerPoint 提供了很多漂亮的形状,这些形状肯定能让 PPT 更加漂亮!

是的,PowerPoint 提供了非常多的预设形状,圆形、菱形、矩形等,你还可以绘制自定义的形状。页面怎样设计才能简洁而不单调呢?不妨拿形状来点缀试试,可能会出现意想不到的效果。

还有一点就是形状和图片的搭配使用。
图形图形,有图片就有形状。图片和形状经常搭配使用,但是要记得图片为主,形状为辅,形状不应抢了图片的风头。

3.4.1　使用标注来修饰幻灯片中的标题文字

前面讲过标题是幻灯片所有信息的提要,如果使用形状来修饰幻灯片的标题,可以使标题更加醒目。

❶ 绘制标注形状:打开开始选项卡,单击形状命令,选择标注工具,在幻灯片的右侧绘制一个标注形状,如图 3-4-1 所示。

图 3-4-1　绘制标注形状

❷ **编辑形状**：接着使用**水平翻转**命令对图形进行翻转，以使底部的箭头指向位于箭头下方的授课老师。然后通过**置于底层**命令，将图形移到文字的下方，如图3-4-2所示。

图3-4-2　编辑形状

❸ **居中对齐**：同时选择图形和文字，以使它们居中对齐。首先按下键盘上的shift键。在按下该键的同时，单击标题以同时选择两个对象。然后通过**对齐**命令，将它们水平居中对齐，如图3-4-3所示。

❹ **修改文字颜色**：选择标注形状上方的文本框。将文字的颜色修改为白色。

图3-4-3　居中对齐

我们看到，标题文字更加醒目，同时画面也不再单调，最终效果如图3-4-4所示。

图3-4-4　使用标注修饰标题文字

3.4.2　使用箭头让幻灯片的主题更加明确

当幻灯片中的内容与方向、指引有关时,可以使用箭头形状来丰富幻灯片的画面。

❶ **绘制箭头**:打开**开始**选项卡,单击**形状**命令,选择**箭头工具**,在幻灯片的左侧绘制一枚箭头,如图 3 - 4 - 5 所示。

❷ **调整箭头**:通过**排列**命令组中的**下移一层**命令将箭头放置在文字的下方。使用键盘上的方向键移动箭头,使箭头和文字保持垂直居中对齐。在定界框上的形状控点(小黄点)上按下鼠标并向右侧拖动,调整箭头的头部的尺寸。

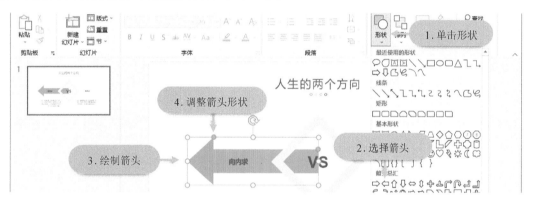

图 3 - 4 - 5　绘制箭头

 除了周围 8 个调整形状大小的白色尺寸控点之外,很多形状还有一个或多个黄色形状控点,这些黄色控点用于修改形状的细节。

❸ **复制箭头**:接着以复制的方式,在右侧也放置一枚箭头。首先按下键盘上的 **Ctrl** 键。在按下该键的同时,向右侧拖动箭头,复制该对象,如图 3 - 4 - 6 所示。

❹ **修改箭头样式**:然后使用**水平翻转**命令将箭头进行翻转,使箭头指向右侧。将箭头的填充颜色修改为浅绿色,以区分左侧的箭头。同样,通过**置于底层**命令将右侧的箭头也放在文字的下方。

❺ **上移左侧箭头**:选择左侧的箭头。通过**上移一层**命令,将左侧箭头移到灰色菱形的上方。这样就形成了箭头从菱形的内部穿过的艺术效果,使画面更有立体感。

接着来调整文字的颜色,使文字的颜色和图形的颜色更加协调。

❻ **修改文字颜色**:选择内容为**向内求**的文本框。按下键盘上的 **Shift** 键。在按下该键的同时,单击右侧的两个文本框上,以同时选择多个对象。单击**开始**选项卡,显示开始功能面板。接着将所选文字的颜色修改为白色,如图 3 - 4 - 7 所示。

图 3-4-6　复制箭头

图 3-4-7　修改文字颜色

通过使用箭头,使幻灯片的主题更加明确,同时也使版面更加简洁和美观,如图 3-4-8 所示。

图 3-4-8　使用箭头使主题更加明确

3.4.3　使用矩形将文字内容进行分块处理

老师,如果幻灯片有几处内容文本框分散在版面的各个区域,感觉很松散、杂乱,有什么优化方法吗?

很多幻灯片会包含多个文本框,分散的文本框会使版面显得松散、杂乱、毫无章法,这时可以使用矩形将这些文字进行分块处理。

❶ 绘制矩形:在插入形状面板中选择**矩形**工具。在内容为**了解跑步**的文本框的位置绘制一个矩形。

❷ 设置矩形样式:为了显示矩形后方的文字,可以将它的填充颜色设置为**无填充**,只需要保留矩形的轮廓即可。接着再来调整矩形轮廓的颜色。打开**设置形状格式**窗格,用来设置矩形轮廓的宽度。然后将轮廓的宽度设置为 10 磅,如图 3-4-9 所示。

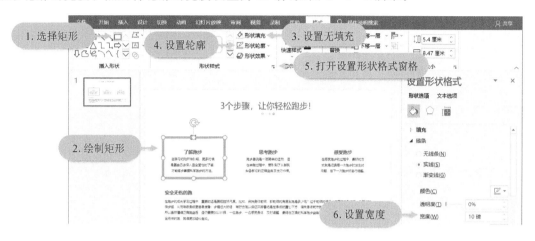

图 3-4-9　绘制矩形边框

❸ 绘制第二个矩形:选择**矩形**工具,在第一个矩形上方绘制第二个矩形,如图 3-4-10 所示。

❹ 设置矩形样式:将第二个矩形的填充颜色设置为白色。同样将轮廓的宽度设置为 10 磅。通过**置于底层**命令将该矩形移到文本框的下方。

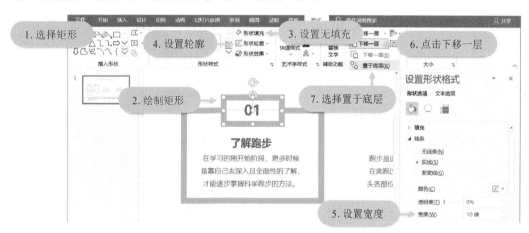

图 3-4-10　继续绘制矩形

❺ 复制矩形:接着以复制的方式创建其他的矩形。首先按下键盘上的 **Shift** 键。在按下该键的同时,单击下方的矩形以同时选择两个矩形。按下键盘上的 **Ctrl** 键。在按下 **Ctrl** 键的同时,向右侧拖动两个矩形以复制所选对象,如图 3-4-11 所示。

❻ 修改矩形样式:单击**格式**选项卡,显示格式功能面板。修改新的矩形的轮廓颜色。通过**置于底层**命令,将所选对象移到文字的下方,以显示被遮挡的文字。继续通过复制得到第三

组矩形,并修改它们的轮廓颜色。

图 3 - 4 - 11　复制矩形

使用矩形将文本内容划分为三个模块,使幻灯片的内容更加清晰,布局更有条理! 最终效果如图 3 - 4 - 12 所示。

图 3 - 4 - 12　使用矩形将内容分块处理

3.4.4　使用弧形箭头描述工笔画的四个步骤

我们需要使用弧形箭头来形象描述示例幻灯片中工笔画的四个步骤。虽然 PowerPoint 并没有提供现成的弧形箭头,但是我们可以通过编辑圆形来间接制作弧形箭头。

❶ **绘制圆形**:在**插入形状**面板中选择椭圆工具,按下键盘上的 Shift 键,在内容为**构思立意**文本框的上方绘制一个圆形,如图 3 - 4 - 13 所示。

如果在绘制形状时按住 Shift 键,PowerPoint 会强制该形状为标准形状。也就是说矩形是正方形,椭圆是圆形,线条被限制为水平、垂直或 45° 对角线。

❷ **设置圆形样式**:然后将圆形的填充颜色设置为**无填充**。接着设置圆形轮廓的颜色。

为了使弧形箭头更加清晰,需要增加圆形轮廓的宽度。在宽度输入框里输入 14 磅,以增加轮廓的宽度,这样就完成了圆环的制作。

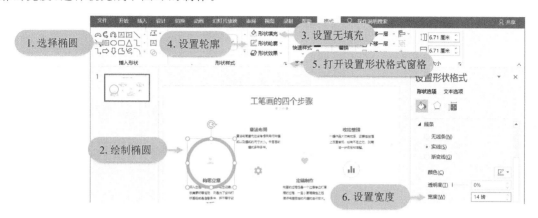

图 3 - 4 - 13　绘制圆形

接着您需要将这个圆环修改为弧形箭头。

❸ **编辑圆环**:在圆形上单击右键,打开右键菜单。选择**编辑顶点**命令,进入顶点编辑模式。在底部的顶点上单击右键,打开顶点编辑菜单。选择**开放路径**命令,将封闭的路径转换为开放的路径。在下方的顶点上单击右键,打开顶点编辑菜单。选择**删除顶点**命令,删除这个顶点。使用相同的方式,继续删除另一个顶点,如图 3 - 4 - 14 所示。

图 3 - 4 - 14　编辑圆环

❹ **绘制箭头**:这样就创建了一个半圆弧形,现在来给弧形添加一个箭头。在插入形状面板中选择**三角形**工具,在圆弧右侧的顶点上绘制一个小三角。将三角形进行垂直翻转,使三角形面向下方。设置三角形的填充颜色,使三角形和弧形拥有相同的颜色,如图 3 - 4 - 15 所示。

这样就完成了弧形箭头的设计,接着以复制的方式,创建其他的弧形箭头。首先将小三角和弧形组合成一个对象。

❺ **组合弧形箭头**:首先按下键盘上的 **Shift** 键。在按下该键的同时,单击圆弧以同时选择两个对象。使用键盘上的快捷键 **Ctrl+g**,将所选对象组合成一个对象。

❻ **复制弧形箭头**:在按下 **Ctrl** 键的同时,向右拖动以复制该对象。将新的弧形箭头进行垂直翻转。移动弧形箭头使它和左侧的箭头首尾相连,如图 3 - 4 - 16 所示。

❼ **修改颜色**：接着来修改它们的颜色,使颜色和上方图标的颜色相同。首先选择半圆的弧形路径。然后修改它的轮廓颜色。继续选择并修改小三角形的填充颜色。

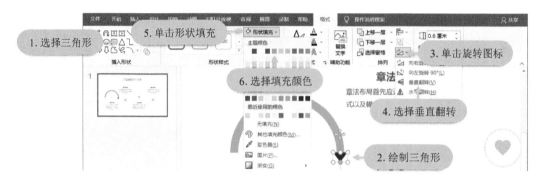

图 3 - 4 - 15　绘制箭头

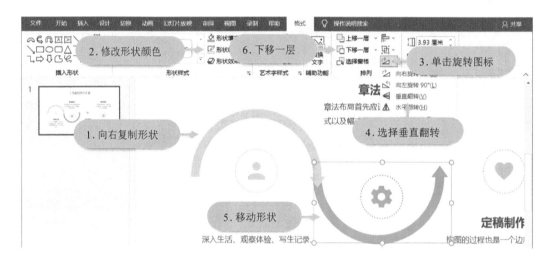

图 3 - 4 - 16　复制弧形箭头

❽ **完成弧形箭头制作**：使用相同方式制作另外两个弧形箭头,并使它们首尾相连。

当某项工作拥有若干个步骤时,可以使用弧形箭头来表达步骤之间的顺序关系,这样可以使版面更有条理,在视觉上也更有艺术感,如图 3 - 4 - 17 所示。

图 3 - 4 - 17　使用弧形箭头描述四个步骤

3.4.5 使用曲线让做应用题的五个步骤前后顺序清晰明了

本小节示例幻灯片的主题是做应用题的五个步骤,为了使五个步骤的前后顺序清晰明了,可以绘制一条穿过五个步骤图标的曲线线条。

❶ **绘制曲线**:打开**开始**选项卡,单击**形状**命令,选择**曲线工具**,单击左侧圆形的位置,以此作为曲线的起点,向右绘制一条曲线,如图 3-4-18 所示。

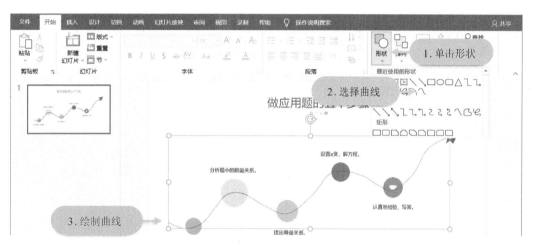

图 3-4-18 绘制曲线

在绘制曲线时,如果某些线条不够圆滑,可以再次编辑曲线的顶点。

❷ **平滑曲线**:用鼠标单击曲线,打开右键菜单。选择**编辑顶点**命令,进入顶点编辑模式。单击底部**视图比例**滑杆,放大幻灯片的显示比例,以进行更加精确的操作。单击顶点左侧的方向线并拖动,使顶点两侧的曲线更加平滑,如图 3-4-19 所示。

通过对顶点的编辑之后,整条曲线变得更加柔和、光滑。

图 3-4-19 平滑曲线

❸ **设置曲线样式**:调整线条的样式,将曲线修改为虚线样式。接着设置线条的宽度为 1 磅,使虚线更加清晰。通过**置于底层**命令将曲线移到其他形状的下方,如图 3-4-20 所示。

这样就完成了幻灯片的制作,通过曲线可以更好地引导观众的视线,从左往右依次浏览做应用题的五个步骤,如图 3-4-21 所示。

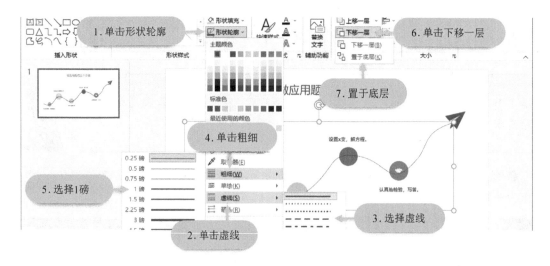

图 3 - 4 - 20　设置曲线样式

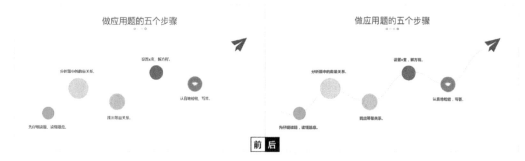

图 3 - 4 - 21　使用曲线让五个步骤的前后顺序清晰明了

形状轮廓命令可帮您更改线条的样式或形状的边框,您可以设置以下四个属性:

● **颜色**:设置用于轮廓的颜色。

● **粗细**:设置线条的粗细(宽度)程度。

● **虚线**:设置用于勾勒对象轮廓的虚线图案。默认使用实线。

● **箭头**:设置线条的箭头。线条的一端或两端都可以有箭头。

3.4.6　使用三角形工具对比经济数据升降变化

本小节示例幻灯片的主题是经济数据报告,为了能够很好地将就业的增长和失业率的下降进行对比,我们可以绘制上下相反的两个箭头。

❶ **绘制三角形**:在插入形状面板中选择**三角形**工具,在幻灯片的左侧绘制一个三角形,

如图 3 - 4 - 22 所示。

❷ **设置三角形样式**:为了避免遮挡底部的图标,需要将箭头的填充颜色设置为无填充。接着设置箭头的轮廓颜色。箭头的轮廓比较纤细,与图标中的线条不太协调,我们来增加箭头的宽度。在**宽度**输入框里,输入 30 磅,以增加箭头轮廓的宽度。接着将箭头的方向进行垂直翻转,以避免遮挡左侧的文字。

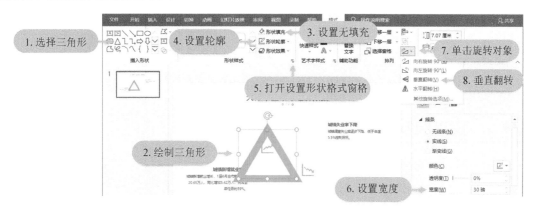

图 3 - 4 - 22　绘制三角形

然后以复制的方式,创建另一个箭头。

❸ **复制箭头**:使用键盘上的快捷键 **Ctrl + d**,复制一个箭头。将新的箭头移到右侧,如图 3 - 4 - 23 所示。

❹ **调整箭头样式**:接着修改箭头的颜色,将它的颜色设置为和右侧图标相同的颜色。同样将箭头的方向进行垂直翻转。将第二个箭头移到版面的右侧。使用键盘上的方向键,将箭头向下移动一小段的距离,使图标位于箭头的中心位置。

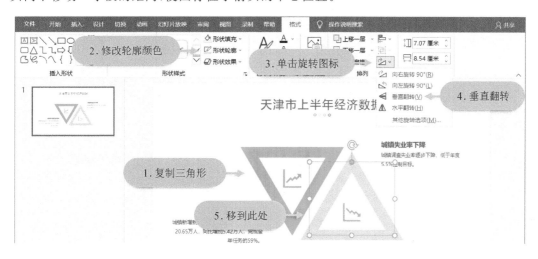

图 3 - 4 - 23　复制箭头

当幻灯片中的数据具有上升和下降的对比时,可以使用两个方向相反的箭头,使对比效果更加明显,如图 3 - 4 - 24 所示。

图 3 - 4 - 24　使用三角形工具对比经济数据升降变化

3.4.7　使用椭圆工具绘制漂亮的花瓣

PowerPoint 提供了大量的造型比较简单的形状,使用这些简单的形状可以组合成更加复杂和漂亮的图形。小王,你可以使用椭圆工具,在本小节的示例幻灯片上绘制漂亮的花瓣。

❶ **绘制圆形**:在插入形状面板中选择**椭圆**工具,绘制圆形,如图 3 - 4 - 25 所示。

❷ **复制圆形**:按下键盘上的 **Ctrl** 键。在按下该键的同时,向下方拖动以复制该对象。将圆形的填充颜色设置为红色。

❸ **形状运算**:接着对两个圆形进行相交运算,以获取两个圆形相交的部分。首先选择两个圆形。然后对两个图形进行**相交**运算,如图 3 - 4 - 25 所示。

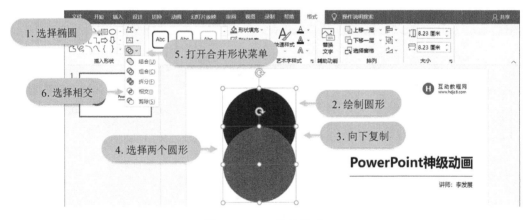

图 3 - 4 - 25　绘制圆形

❹ **编辑形状**:放大红色图形。将红色图形移到幻灯片的左上角。对红色图形旋转一定的角度,单击**形状样式设置**图标,打开设置形状格式窗格。在**旋转**输入框里输入 345°,作为红色图形的旋转角度,如图 3 - 4 - 26 所示。

❺ **复制形状**:使用键盘上的快捷键 **Ctrl＋d**,复制红色图形。在**旋转**输入框里输入 318°,作为第二个红色图形的旋转角度。移动新的形状,使两个红色形状的最左侧的顶点相交。使

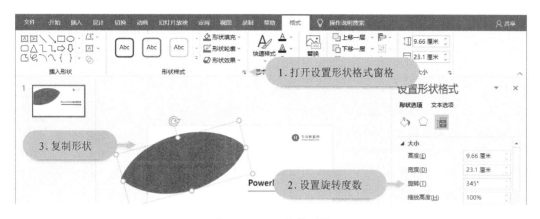

图 3 - 4 - 26   编辑形状

用相同的方式继续复制两个形状，并将它们进行排列。

❻ 设置形状颜色：这样就完成了四片花瓣的制作，我们来修改它们的颜色。首先选择第二片花瓣。将它的颜色修改为橙色。调整填充颜色的透明度的值为 20%，使黄色花瓣处于半透明的状态。使用相同的方式，调整其他花瓣的颜色和透明度，如图 3 - 4 - 27 所示。

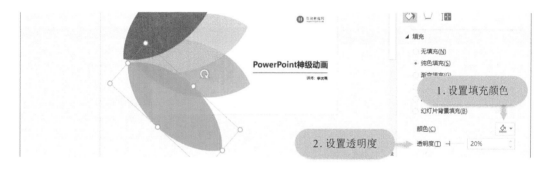

图 3 - 4 - 27   设置形状颜色

这样就完成了花瓣的绘制，最终效果如图 3 - 4 - 28 所示。

图 3 - 4 - 28   使用椭圆工具绘制漂亮花瓣

3.4.8　使用圆形作为年份的背景

小王,还记得我给你讲过形状的辅助作用吗?
本小节示例幻灯片的主题是工作汇报和总结,为了突显当前的年份,我们可以在年份数字的下方放置一个圆形。

❶ **绘制圆形**:打开**开始**选项卡,单击**形状**标签,选择**椭圆**以绘制圆形,如图 3 - 4 - 29 所示。
❷ **编辑圆形**:将圆形填充颜色修改为红色。然后将圆形移到分割线的上方。

图形和文本框具有相似的功能,它们都可以作为文字的容器。为了使圆形不会根据文字的多少改变形状的大小,需要调整它的文本选项。

❸ **调整文本选项**:打开**设置形状格式**窗格。选中**不自动调整**单选框,使圆形不会因为内部文字的多少而变形。

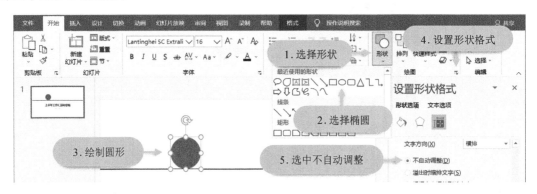

图 3 - 4 - 29　绘制圆形

❹ **输入文字**:现在开始在图形的内部插入文字,首先在圆形上方单击鼠标右键,打开右键菜单。选择**编辑文字**命令,进入文字编辑状态。然后在光标位置,输入文字内容:**2**,如图 3 - 4 - 30 所示。

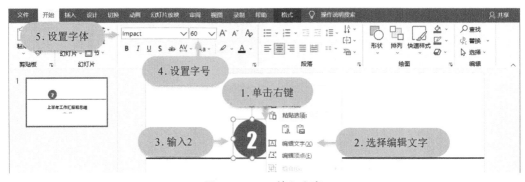

图 3 - 4 - 30　输入文字

❺ **设置文字样式**：在**字号**输入框里输入 60，增加文字的尺寸。单击字体下拉箭头，显示系统字体列表。将文字的字体修改为 Impact 字体，如图 3 - 4 - 30 所示。

大多数形状也可用作文本框。如果要向形状添加文本，只需在形状上右击，然后选择**编辑文字**命令。（唯一不接受文本的形状是线条和连接线。）

由于圆形上边距较大，导致文字没有位于圆形的中心位置，如图 3 - 4 - 31 所示。现在来缩小圆形的上边距。

❻ **缩小上边距**：单击**格式**标签，显示格式功能面板。将圆形的上边距设置为 0 厘米。此时文字已经位于圆形的中心位置，如图 3 - 4 - 31 所示。

图 3 - 4 - 31　缩小上边距

❼ **复制圆形**：接着以复制的方式，绘制其他的圆形。首先按下键盘上的 **Ctrl** 键。在按下该键的同时，向右侧拖动圆形以复制该对象。将第二个圆形的填充颜色修改为橙色。然后修改圆形中的文字内容。使用相同的方式，复制另外两个圆形，并修改它们内部的文字和填充颜色，如图 3 - 4 - 32 所示。

图 3 - 4 - 32　复制圆形

这样就完成了多彩数字的制作，此时幻灯片变得更加美观和生动，效果如图 3 - 4 - 33 所示。

上半年工作汇报和总结
汇报人：张充

上半年工作汇报和总结
汇报人：张充

图 3 - 4 - 33　使用圆形作为年份背景

3.4.9　避免在幻灯片中混用不同风格的图形

本小节示例幻灯片拥有四个胶囊图形,作为四个项目的背景。另外,还有四个白色矩形,可作为数字编号的背景。
方方正正的矩形和圆润的胶囊不太协调,现在来批量更换这些矩形。

❶ **选择四个矩形**：首先选择示例幻灯片中的四个矩形。

❷ **更改形状**：接着单击**格式**标签,显示格式功能面板。单击**更改形状**下拉箭头,打开更改形状功能菜单。选择菜单中的**更改形状**命令,显示所有的预设形状。选择面板中的**圆角矩形**工具,以替换四个矩形,如图 3 - 4 - 34 所示。

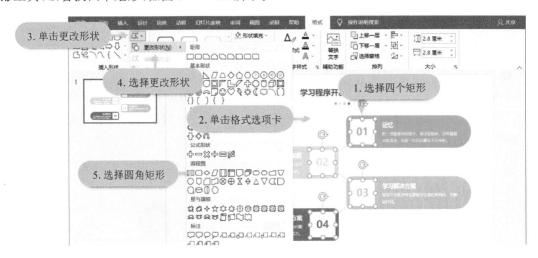

图 3 - 4 - 34　更改形状

这样就快速完成了形状的更换操作,最终效果如图 3 - 4 - 35 所示。

图 3 - 4 - 35　统一图形风格

3.5　不拘一格的形状样式

老师,我已学会了如何使用投影、边框等艺术效果美化图片,请问我也可以给形状应用这些炫酷的艺术效果吗?

没问题,小王! Powerpoint 为形状元素内置了许多可调整的效果,包括阴影、影像、发光、柔滑边缘、三维格式、三维旋转六个大类。如果将 PPT 中的形状进行一些艺术修饰,将会起到眼前一亮的效果。

3.5.1　形状的阴影、发光和棱台效果

现在我们来给形状添加阴影、发光和棱台效果。在示例幻灯片中,将黄色矩形设为背景。为了使视线聚焦在幻灯片的中心区域,可以给黄色矩形添加阴影效果。

❶ **添加阴影**:首先选择幻灯片中的矩形。单击**形状效果**命令,打开形状效果面板。单击**阴影**命令,显示阴影效果列表:选择**偏移:中**选项,如图 3 - 5 - 1 所示。

❷ **编辑阴影**:接着对阴影进行一些细节调整。单击**形状格式设置**图标,打开设置形状格式窗格。将阴影的模糊程度设置为 30 磅。

这样就完成了阴影的设置,最终效果如图 3 - 5 - 2 所示。

第二张幻灯片包含几张同心圆,寓意企业员工同心同德,共同期待未来的美好愿望。现在来给这些同心圆制作发光效果。

❸ **添加发光效果**:选择最里面的一个圆形。单击**形状效果**命令,打开形状效果面板。单击**发光**命令,显示发光效果列表:选择列表中的**发光-金色-8 磅**选项。

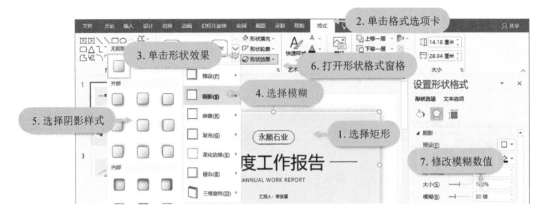

图 3 - 5 - 1　添加阴影

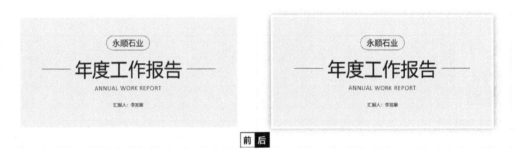

前 后

图 3 - 5 - 2　使用阴影效果

❹ **编辑发光效果**：打开设置形状格式窗格。将发光的大小修改为 30 磅，如图 3 - 5 - 3 所示。

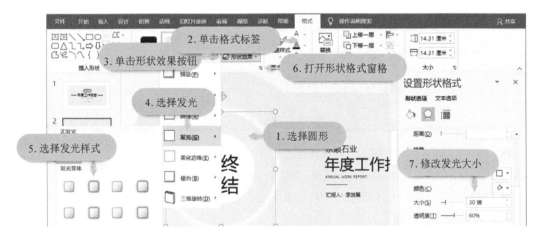

图 3 - 5 - 3　编辑发光效果

❺ **复制发光效果**：单击**开始**标签，显示开始功能面板。双击激活**格式刷**工具。然后单击另外两个圆形，将当前圆形的发光效果，复制到其他的同心圆上。

这样就完成了发光特效的制作，最终效果如图 3 - 5 - 4 所示。

图 3 - 5 - 4　使用发光效果

接着打开并编辑第三张幻灯片。您需要给幻灯片中的矩形,添加具有立体感的棱台效果,以符合石业公司的品牌形象。

❻ **添加棱台效果**:选择幻灯片中的矩形背景。单击**形状效果**命令,打开形状效果面板。单击**棱台**命令,显示棱台效果列表:选择**角度**选项。

❼ **编辑棱台效果**:棱台效果还不太明显,接着来修改棱台的宽度。单击**形状格式设置**图标,打开设置形状格式窗格。在**顶部棱台**的宽度输入框里,输入 20 磅,以增加棱台的立体效果。然后将高度增加到 8 磅,如图 3 - 5 - 5 所示。

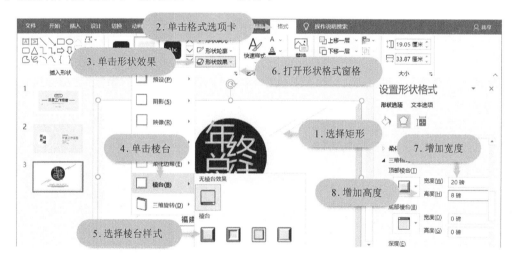

图 3 - 5 - 5　编辑棱台效果

这样就完成了具有立体感的棱台特效,最终效果如图 3 - 5 - 6 所示。

图 3 - 5 - 6　使用棱台效果

3.5.2　通过形状合并功能制作更加丰富的形状

设计服饰无非是加加减减,绘制复杂形状也是这样。PowerPoint 的合并形状功能提供了五种不同的形状合并方式,这样通过一些简单的加减操作,就可以制作出更加丰富的形状。

❶ **拆分形状**:首先选择四个圆形。单击**格式**标签。单击**合并形状**命令,打开形状合并功能列表。选择**拆分**命令,该命令可以将插形状拆分成若干个部分,如图 3 - 5 - 7 所示。

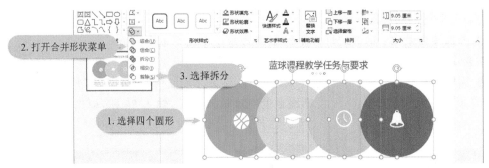

图 3 - 5 - 7　拆分形状

❷ **删除相交部分**:接着选择拆分后不需要的部分。使用键盘上的**删除**键,删除所选的对象,如图 3 - 5 - 8 所示。

图 3 - 5 - 8　删除相交部分

❸ **填充颜色**:然后选择并设置剩余图形的填充颜色,如图 3 - 5 - 9 所示。

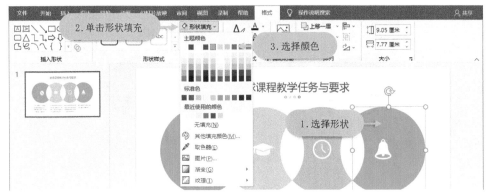

图 3 - 5 - 9　填充颜色

这样就完成了形状的合并运算,最终效果如图 3 - 5 - 10 所示。

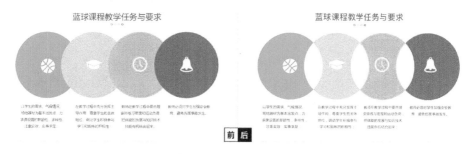

图 3 - 5 - 10　通过形状合并功能编辑形状

3.5.3　使用图片、颜色对形状进行填充

我们不仅可以给形状填充颜色、渐变和纹理,还可以给形状填充图片。现在来通过形状的填充功能,完成当前幻灯片的制作。

❶ **绘制矩形**:在插入形状面板中选择**矩形**工具,在幻灯片的左侧绘制一个矩形,用来显示一张配图,如图 3 - 5 - 11 所示。

❷ **填充图片**:接着给这个矩形填充一张图片。单击**形状填充**下拉箭头,打开形状填充菜单。单击**图片**命令,选择一张图片来填充整个矩形。

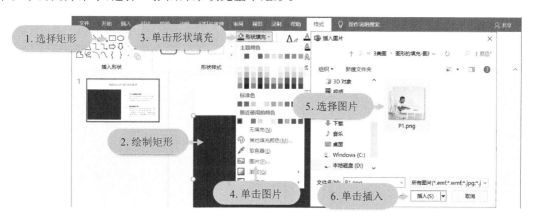

图 3 - 5 - 11　绘制矩形

❸ **绘制右侧矩形**:在插入形状面板中选择**矩形**工具,在幻灯片的右侧绘制一个矩形作为右侧文字内容的背景。

❹ **编辑矩形**:修改矩形的填充颜色,由于这个矩形是作为文字内容的背景使用的,所以避免给它设置具有复杂颜色的图片作为填充颜色。通过**下移一层**命令,将矩形移到文字的下方,如图 3 - 5 - 12 所示。

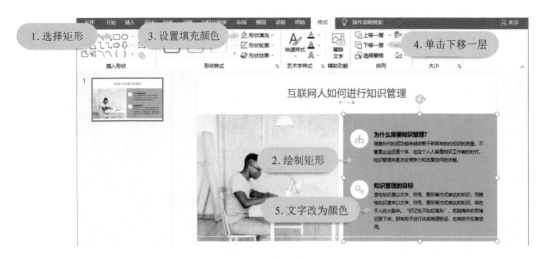

图 3 - 5 - 12　编辑矩形

❺ **修改文字颜色**：为了突出显示文字内容，需要修改文字的颜色。将所选文字的颜色修改为白色，如图 3 - 5 - 13 所示。

通过给图形填充图片和颜色，完成了这张幻灯片的最终版面。

图 3 - 5 - 13　修改文字颜色

3.5.4　使用纹理、渐变对形状进行填充

你已经通过给形状填充图片和颜色，完成了上一张幻灯片的设计，现在来给本小节示例幻灯片中的形状填充渐变和纹理。
● 渐变是指两种或多种颜色沿着一定方向的色彩变化。
● 纹理是指可重复排列的图案。

❶ **填充渐变**：首先选择需要设置渐变填充的矩形。单击**格式**标签，显示格式功能面板。单击**形状填充**下拉箭头，打开形状填充菜单。然后给所选图形设置一个预设的渐变效果，如图 3 - 5 - 14 所示。

❷ **编辑渐变**：如果需要对渐变进行编辑，可以打开**设置形状格式**窗格。首先选择并删除

中间的色块,我们只需要渐变的开始颜色和结束颜色。将渐变的开始颜色设置为黑色。将渐变的结束颜色设置为灰色。

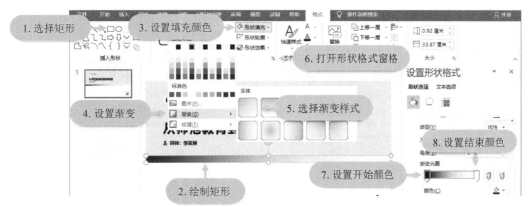

图 3 – 5 – 14　填充渐变

这样就完成了形状的渐变填充,接着来给上方的矩形填充纹理。

❸ 填充纹理:选中图片或纹理填充单选框,给矩形填充纹理。单击纹理下拉箭头,弹出预设纹理面板。选择一种纹理样式,作为矩形新的纹理。纹理是以图案平铺的方式填充整个矩形的,修改刻度 X 和 Y 属性为 100%,以调整纹理平铺的数量,如图 3 – 5 – 15 所示。

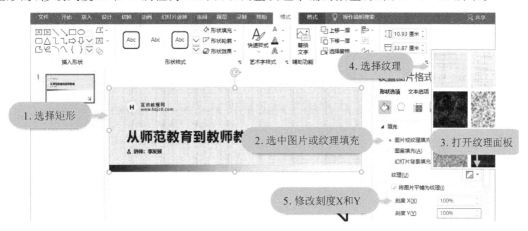

图 3 – 5 – 15　填充纹理

这样就完成了形状的渐变填充和图案填充,最终效果如图 3 – 5 – 16 所示。

图 3 – 5 – 16　使用纹理渐变填充形状

3.6 形状在幻灯片中的灵活应用

多谢老师的耐心讲解,我已经对形状有了很深的认识。如果老师能提供一些形状在幻灯片上的实际应用案例,那我就可以举一反三了😕。

理论当然要和实践相结合! 使用形状不仅可以创建富有吸引力和复杂的图形,还可以用来创建标识、图表等。不过我更喜欢用形状来表达幻灯片内容之间的关系,这也是我将要为你展示的新课程。

3.6.1 使用形状表达并列关系的内容

本小节示例幻灯片的主题是外伤急救的四项基本技术,由于这四项技术是并列关系,因此您可以通过并排摆放四个矩形,来形象地表达外伤急救的四项基本技术。

❶ **绘制矩形**:在插入形状面板中选择**矩形**工具,在幻灯片中绘制矩形,如图 3 - 6 - 1 所示。

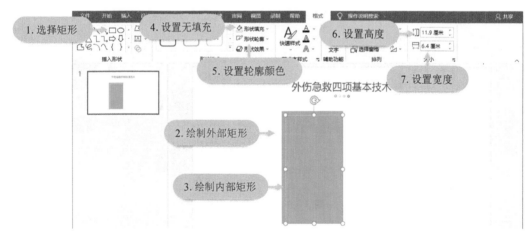

图 3 - 6 - 1 绘制矩形

❷ **复制矩形**:使用快捷键 **Ctrl+d** 复制矩形,作为上一个矩形的内部边框。

❸ **编辑矩形**:将新矩形的填充设置为无填充。将轮廓颜色设置为白色。这个矩形将作为第一个矩形的内部边框,所以需要缩小它的高度和宽度。

❹ **对齐两矩形**:接着将这两个矩形进行居中对齐,同时选择两个矩形。然后将所选矩形进行水平居中对齐。继续将两个矩形进行垂直居中对齐,如图 3 - 6 - 2 所示。

❺ **制作标题**:打开**开始**选项卡,单击**形状**命令,选择**文本框**工具以绘制一个文本框。然后在光标位置输入文字内容:**止血**,如图 3 - 6 - 3 所示。

❻ **设置标题样式**：将**字号**设置为 24，以增加文字的尺寸。单击**加粗**图标，使所选文字加粗显示，如图 3 - 6 - 3 所示。

图 3 - 6 - 2　对齐两矩形

图 3 - 6 - 3　制作标题

❼ **制作内文**：选择**文本框**工具以绘制一个文本框。然后在光标位置输入文字内容，如图 3 - 6 - 4 所示。

❽ **设置内文样式**：文字对齐方式调整为**分散对齐**，以充满整个文本框。单击**减小字号**图标，缩小所选文字的尺寸。将文字的行距设置为 2.0，避免文字过于拥挤。

图 3 - 6 - 4　制作内文

❾ **制作分隔线**：接着绘制一条横线，作为标题和内容的分隔线。在插入形状面板中选择**线条**工具，在标题和内文之间绘制一条分隔线，如图 3 - 6 - 5 所示。

❿ **居中对齐**：同时选择两个矩形和两个文本框。单击**格式**标签，显示格式功能面板。通

过**对齐**命令,使所选图形居中对齐。接着将文字的颜色修改为白色。

图 3-6-5　制作分隔线

❶❶ **成组对象**:使用键盘上的快捷键 **Ctrl+g**,将所选对象组合成一个对象。将成组后的对象移到幻灯片的左侧。

❶❷ **复制组合对象**:首先按下键盘上的 **Ctrl** 键。在按下该键的同时,向右侧拖动以复制该对象。使用相同的方式,继续创建另外两组图形,如图 3-6-6 所示。

❶❸ **编辑对象**:修改新的矩形的填充颜色和新文本框的文字内容。

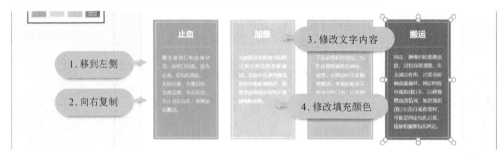

图 3-6-6　复制组合对象

您已经使用形状很形象的表达了并列关系的内容,最终效果如图 3-6-7 所示。

图 3-6-7　使用图形表达并列关系

3.6.2　使用图形表达包含关系的内容

本小节示例幻灯片的主题内容是地球的内部层次,由于地球的内部层次彼此之间具有包含关系,因此可以通过相互叠加的圆形对象来表达这种关系。

❶ **绘制圆形**:打开**开始**选项卡,单击**形状**命令,选择**椭圆工具**以绘制一个圆形,表示地球的地壳。接着来修改这个圆形的填充颜色,如图 3-6-8 所示。

❷ **复制圆形**:使用快捷键 **Ctrl+d**,得到另一个圆形对象,表示地球的地幔。单击**格式**选项卡。修改圆形的填充颜色。缩小圆形的尺寸。

❸ **再次复制圆形**:使用快捷键 **Ctrl+d**,得到第三个圆形对象。将它的填充颜色修改为红色,表示地球的地核。同样缩小这个圆形。

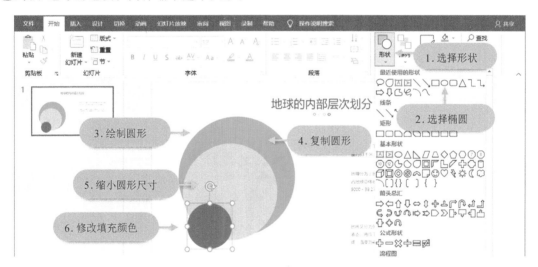

图 3-6-8　绘制圆形

❹ **对齐三个圆形**:选择这三个圆形。单击**格式**标签。单击**对齐对象**图标。将三个圆形进行水平居中对齐。接着将三个圆形进行底端对齐,如图 3-6-9 所示。

接着在图形的上方绘制文本框,以显示图形对应的地球的内部层次。

❺ **绘制文本框**:打开**开始**标签,单击**形状**命令,选择**文本框**工具以绘制一个文本框。然后在光标位置输入文字内容:**地壳**,如图 3-6-10 所示。

❻ **设置文字样式**:将文字的字号设置为 28,以增加文字的尺寸。然后将文字的颜色修改为白色。

❼ **复制文本框**:接着以复制的方式,创建另外两个文本框。首先按下键盘上的 **Ctrl** 键。在按下该键的同时,向下方拖动以复制该对象。修改第二个文本框的文字内容。以相同的方式制作第三个文本框,并修改它的文字内容。

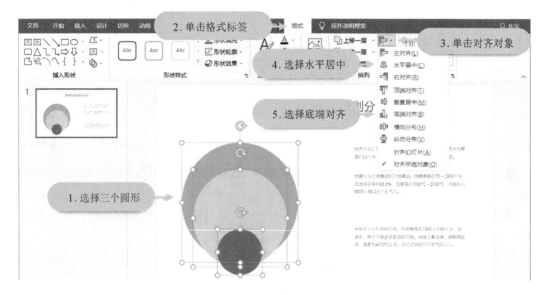

图 3 - 6 - 9　对齐三个圆形

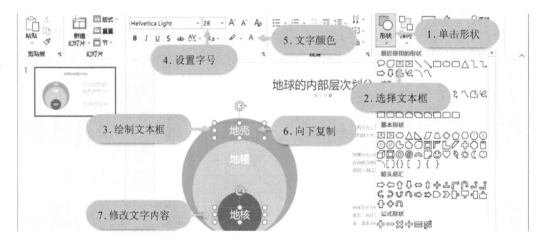

图 3 - 6 - 10　绘制文本框

❽ **绘制引导线**：接着来绘制箭头，使图形和右侧文字内容一一对应。在插入形状面板中选择**箭头**，在左侧文本框和右侧文本框之间绘制一条引导线，如图 3 - 6 - 11 所示。

❾ **设置引导线样式**：将直线的轮廓颜色设置为图形的填充颜色。将直线的轮廓宽度设置为 2.25 磅，以增加线条的精细程度，如图 3 - 6 - 11 所示。

❿ **复制引导线**：使用键盘上的快捷键 **Ctrl＋d**，通过复制的方式得到另一个箭头。将箭头移到地幔对应的位置。将线条的轮廓颜色，设置为图形的填充颜色。使用相同的方式创建第三个箭头，并修改它的轮廓颜色。

这样就完成了具有包含关系的幻灯片主题的设计，最终效果如图 3 - 6 - 12 所示。

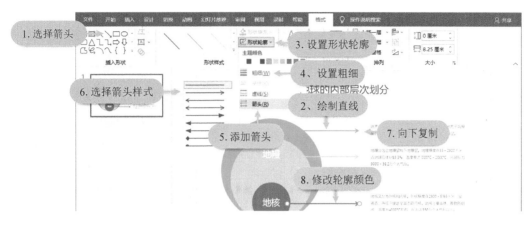

图 3－6－11　绘制引导线

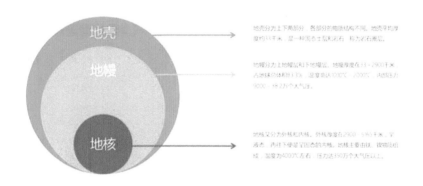

图 3－6－12　使用图形表达包含关系

3.6.3　使用图形表达顺序关系的内容

本小节示例幻灯片的主题是让用户上瘾的四个步骤，这四个步骤具有递进的关系，因此可以使用箭头来形象表达这种关系。

❶ **绘制箭头**：在插入形状面板选择**三角形**工具以绘制一个箭头，如图 3－6－13 所示。

❷ **编辑箭头**：旋转三角形的方向，使箭头指向右侧。修改箭头的填充颜色。

❸ **绘制圆形**：接着在箭头的左侧绘制一个圆形，用来显示让用户上瘾的四个步骤的编号。在插入形状面板中选择**椭圆**工具，在箭头的左侧中间位置绘制一个圆形。

❹ **对齐形状**：现在来对齐这两个图形，首先按下键盘上的 **Shift** 键。在按下该键的同时

单击三角形以同时选择两个形状。然后将两个图形进行垂直居中对齐。

图 3-6-13　绘制箭头

❺ **修改圆形颜色**：接着选择左侧的圆形。将它的填充颜色修改为和箭头相同的填充颜色。

❻ **输入编号**：在图形的上方单击鼠标右键，打开右键菜单。选择**编辑文字**命令，以在图形的内部输入文字。然后在光标位置，输入文字内容：**01**，如图 3-6-14 所示。

❼ **设置编号样式**：单击**增加字号**图标，增加所选文字的尺寸。单击**加粗**图标，使所选文字加粗显示。

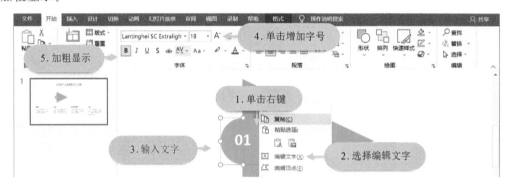

图 3-6-14　输入编号

❽ **设置圆形轮廓**：单击**格式**标签，显示格式功能面板。接着设置圆形的轮廓属性，将它的轮廓颜色设置为白色。继续将圆形的轮廓的宽度设置为 6 磅，以增加圆形轮廓的尺寸，如图 3-6-15 所示。

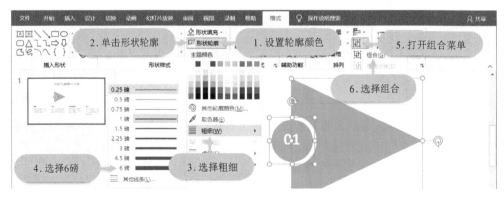

图 3-6-15　设置圆形轮廓

❾ **组合形状**:同时选择圆形和箭头。通过**组合**命令将圆形和箭头组合成一个对象,以方便对图形组的复制操作。

❿ **复制形状组**:在按下 **Ctrl** 键的同时,向右侧拖动形状组以复制该对象。为了不使画面显得单调,修改第二个图形组的填充颜色。然后修改圆形里的编号。使用相同的方式得到另外两个形状组,并修改形状的颜色和编号,如图 3 - 6 - 16 所示。

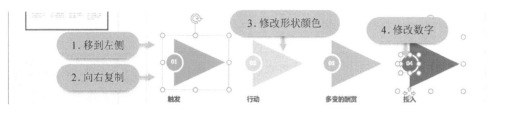

图 3 - 6 - 16　复制形状组

这样就使用箭头表达了具有顺序关系的幻灯片主题,最终效果如图 3 - 6 - 17 所示。

图 3 - 6 - 17　使用图形表达顺序关系

3.7　使用线条增加幻灯片的设计感

我现在已经可以在 PPT 中自由使用形状了,的确为 PPT 增色不少。对了,我最近在一些平面作品中经常看到漂亮的线条,咱们是不是也可以在 PPT 版面上使用这样的线条呢?

不错,懂得借鉴优秀的作品,年轻人果然有前途!
线作为平面构成中的点、线、面三元素之一,具有非常广泛的应用范围。线在 PPT 版式中的作用主要表现为:强调、分隔、引导、组织信息、装饰画面等。

在一些视觉高级的 PPT 设计案例里，你会发现有很多线条的运用，它们具有流水般的柔美感，也拥有充满刚劲的力量感。通过对线条进行各种排列组合和设计规划，可以让 PPT 版面更有艺术感。

3.7.1　使用线条或形状代替字符案例一

在 PPT 的设计过程中，当我们尝试使用图形来代替某些字符时，往往能收到意想不到的惊喜！现在来删除示例幻灯片中的地点和时间右侧的冒号，并使用矩形替代冒号。

❶ **删除冒号**：在**地点**的右侧单击，将光标移到此处。使用 **backspace** 退格键，删除光标左侧的冒号。使用相同的方式删除下方的冒号。

❷ **绘制矩形**：接着在原来冒号的位置绘制一个小矩形。在插入形状面板中选择**矩形**工具，在地点的右侧绘制一个矩形。将矩形宽度设置为 0.08 厘米，如图 3-7-1 所示。

❸ **复制矩形**：接着以复制的方式创建另一个矩形。首先按下键盘上的 **Ctrl** 键。在按下该键的同时，向下方拖动矩形以复制该对象。

图 3-7-1　绘制竖条矩形

看惯了千篇一律的文字版面，现在使用图形来替换一些字符，可以让版面更有设计感，如图 3-7-2 所示。

图 3-7-2　使用矩形代替冒号

3.7.2　使用线条或形状代替字符案例二

你在上一节使用矩形长条替代冒号,让原来的幻灯片看起来更有设计感。本小节你将使用矩形背景,来代替示例幻灯片中的冒号。

❶ **删除冒号**:与上一节相同,首先删除幻灯片中的两个冒号。

❷ **增加间距**:在原来冒号的位置上按下键盘上的空格键,增加地点和时间与右侧文字的间距。

❸ **绘制矩形**:接着在幻灯片上绘制两个矩形。在插入形状面板中选择**矩形**工具,在地点两个字的位置绘制一个矩形。设置矩形的填充颜色为红色。单击**下移一层**命令,将所选对象移到文字的下方。

❹ **复制矩形**:接着以复制的方式创建另一个图形。首先按下键盘上的 **Ctrl** 键。在按下该键的同时,向下方拖动以复制该对象,如图 3 - 7 - 3 所示。

❺ **修改文字颜色**:现在来修改文字的颜色。选择地点两个文字。将所选文字的颜色修改为白色。使用相同的方式修改时间文字的颜色。

图 3 - 7 - 3　绘制矩形

在幻灯片的设计中,将文字和图形搭配使用,往往能起到画龙点睛的作用,如图 3 - 7 - 4 所示。

图 3 - 7 - 4　使用矩形代替冒号

3.7.3 使用线条分隔或串联元素

本小节示例幻灯片的下方包含一左一右两个文本框,为了区分这两个功能相似的元素,我们可以使用线条将它们分隔开来。

❶ **绘制分隔线**:在插入形状面板中选择**线条**工具,在下方两个文本框的中间绘制一条分隔线。将分隔线的轮廓颜色修改为深灰色。继续将分隔线的宽度设置为 2.25 磅,以增加分隔线的粗细程度,如图 3-7-5 所示。

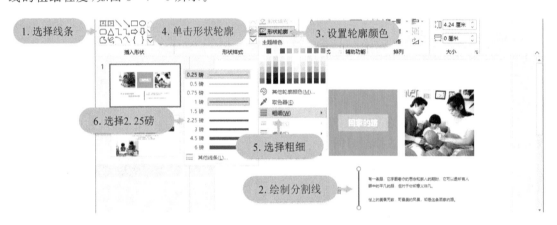

图 3-7-5　绘制分隔线

这样就完成了分隔线的制作,如图 3-7-6 所示。

图 3-7-6　删除无用版式

接着打开并编辑第二张幻灯片。这张幻灯片有右上角的图片、左下角的图片和中间的文字内容等三个元素,这些元素之间没有任何的联系,这让整个幻灯片画面显得比较分散,这时可以使用图形将这些元素关联起来。

❷ **绘制矩形**:在插入形状面板中选择**矩形**工具,在右上方和左下方的两个图片之间绘制一个矩形,如图 3-7-7 所示。

❸ **设置矩形样式**:将矩形的填充颜色设置为**无填充**。接着修改矩形的轮廓颜色。单击

形状样式设置图标，打开设置形状格式窗格。在**宽度**输入框里输入 12 磅，以增加轮廓的宽度。接着通过**置于底层**命令将矩形移到其他元素的下方。

图 3-7-7　绘制矩形

使用线条串联幻灯片中的元素，可以使它们不再孤立。最终效果如图 3-7-8 所示。

图 3-7-8　使用线条串联元素

3.7.4　大线框确定版式与小线框突出局部

在 PPT 设计中，使用巨大的框线既可以确定版式，也可以聚焦观众的视线。本小节示例幻灯片的版式比较散乱，现在来使用框线对版面进行一些优化。

❶ **绘制矩形**：在插入形状面板中选择**矩形**，绘制一个大的矩形，如图 3-7-9 所示。

❷ **设置矩形样式**：将矩形的填充颜色设置为**无填充**。接着将矩形的轮廓的颜色设置为**黄色**。将矩形的轮廓的宽度设置为 6 磅，以增加轮廓的粗细程度。

这样就完成了版面的优化，幻灯片中的所有元素的摆放不再凌乱，它们被完美地融合在一起。

接着选择并编辑第二张幻灯片。您将给这张幻灯片也添加一个巨大的边框，如图 3-7-10 所示。

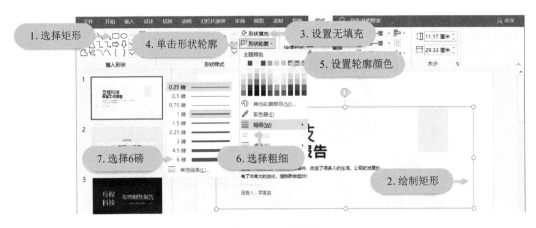

图 3 - 7 - 9　绘制矩形边框

图 3 - 7 - 10　线框确定版式

❸ **绘制矩形**：在插入形状面板中选择**矩形**工具，以绘制一个巨大的矩形，作为幻灯片的边框。

❹ **设置矩形样式**：将矩形的填充颜色设置为**无填充**。将矩形的轮廓的宽度设置为 1.5磅，以增加轮廓的粗细程度，如图 3 - 7 - 11 所示。

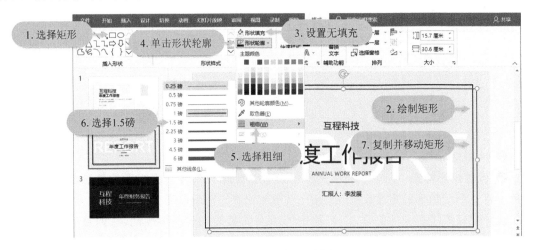

图 3 - 7 - 11　设置矩形样式

❺ **复制矩形边框**:给幻灯片添加框线时,不一定是一个边框,使用键盘上的快捷键 **Ctrl＋d**,复制当前的矩形边框,给幻灯片制作两个框线。向右下方拖动新的矩形边框,使两个矩形框线在水平、垂直两个方向上保持相同的距离。

这样就完成了双框线的制作,最终效果如图 3 - 7 - 12 所示。

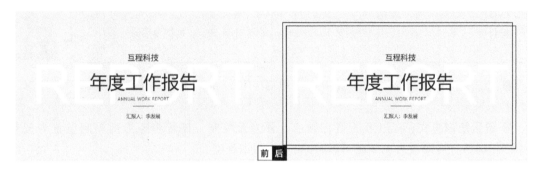

图 3 - 7 - 12　双框线

接着选择并编辑第三张幻灯片。当幻灯片有多处大标题时,为了突出其中一方,可以在它的周围绘制一个边框。

❻ **绘制矩形**:在插入形状面板中选择**矩形**工具。在**互动科技**文字的位置绘制一个矩形。

❼ **设置矩形样式**:将它的填充颜色设置为**无填充**。然后设置它的轮廓颜色为**黄色**。继续设置它的轮廓属性,将轮廓的宽度设置为 **2.25 磅**,以增加线条的宽度,如图 3 - 7 - 13 所示。

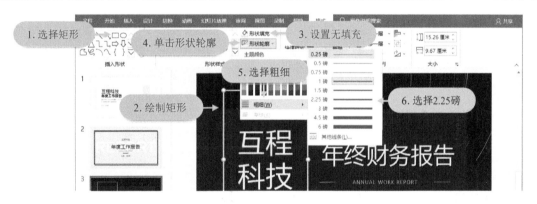

图 3 - 7 - 13　设置矩形样式

通过在对象的周围添加边框,可以更加突显对象的重要性,如图 3 - 7 - 14 所示。

图 3 - 7 - 14　使用线框突出标题的重要性

3.7.5 断开线条以增加版面的视觉舒适感

小王，你在前面几节课里使用了大量的封闭线框，有时我们可以将这些封闭的线框打开一个缺口，使版面不会显得很压抑，在视觉上也更有视觉舒适感！

❶ **绘制矩形**：在插入形状面板中选择**矩形**工具。在左侧标题的位置绘制一个矩形，如图 3-7-15 所示。

❷ **设置矩形样式**：将矩形的填充颜色设置为**无填充**。接着将矩形的轮廓设置为**黄色**。将矩形轮廓的宽度设置为 **1.5 磅**，以增加轮廓的粗细程度。

图 3-7-15 绘制矩形

接着在矩形的右侧打开一个缺口。

❸ **编辑矩形顶点**：首先在矩形上单击鼠标右键，打开右键菜单。选择菜单中的**编辑顶点**命令，进入顶点编辑模式。在矩形右侧的边框上单击鼠标右键，打开右键菜单。选择**添加顶点**命令添加一个顶点，作为缺口的起始位置。在矩形右侧边框的下方也添加一个顶点，作为缺口的结束位置，如图 3-7-16 所示。

❹ **开放路径**：首先在新的顶点上单击右键。选择右键菜单中的**开放路径**命令，将路径转换为开放路径。

图 3-7-16 编辑矩形顶点

❺ **删除顶点**：在新增的顶点上单击鼠标的右键,打开右键菜单。选择菜单中的**删除顶点**命令,删除这个顶点。继续删除下方的顶点。

将封闭的线框打开一个缺口,使版面不至于太压抑,同时也使幻灯片的设计更有创意！最终效果如图 3-7-17 所示。

图 3-7-17　断开线条以增加版面呼吸感

3.7.6　线框放在图像后方以增加立体感

当幻灯片的内容包含线框和人物图像时,可以考虑将线框放在人物图像的背后,使画面更有立体感,增强画面的视觉冲击力！

❶ **置顶图片**：首先通过**置于顶层**命令,将人物所在的图片,移到其他对象的最上方,如图 3-7-18 所示。

图 3-7-18　置顶图片

❷ **删除图像背景**：接着来删除背景颜色,只保留图像中的人物。单击**格式**标签。单击左侧的**删除背景**命令,进入背景清除工作模式。

❸ **标记要保留的区域**：紫色区域是要被删除的区域,有些紫色区域位于人物身上,需要将这些区域进行保留。单击**背景消除功能**面板中的**标记要保留的区域**命令,在模特身上的紫

色区域涂抹,将人物所在的区域标记为保留区域,如图 3 - 7 - 19 所示。

图 3 - 7 - 19　标记保留区域

❹ **标记要删除的区域**:接着再来标记一些需要删除的区域。单击**背景消除功能**面板中的**标记要删除的区域**命令。在人物手臂左侧的区域涂抹,将这块区域也标记为待删除的区域。单击**保留更改**命令,完成图片的消除背景操作,如图 3 - 7 - 20 所示。

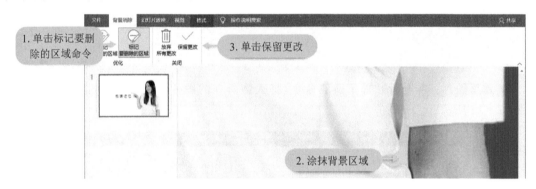

图 3 - 7 - 20　标记删除区域

这样就将图片中的人物放在了线框的上方,整个版面也变得更加生动,如图 3 - 7 - 21 所示。

图 3 - 7 - 21　把线框放在图像后方以增加立体感

美表：表格和图表之美

第 4 章

您将在本章收获以下知识：

4.1　表格在幻灯片中的操作技巧

老师,我知道表格是以有序方式展示大量信息的好方法。但是制作一个美观、结构清晰的 PPT 表格并不是件容易的事☹。

表格,经常被戏称为"表哥"。在 PPT 中一次显示一堆数据的最佳方法是使用表格,观众可以通过表格对数据进行查看和对比。
表格作为一种可视化的交流模式和整理数据的手段被广泛应用。

相对于图表,表格可以承载更多的信息,导致很多人很难将其处理得非常美观。但是如果设计得好,在展示上的优势甚至可以超过数据图表。接下来就详细介绍 PPT 中表格的使用和设计技巧,如图 4-1-1 所示。

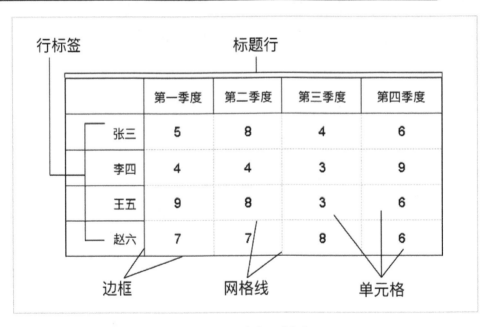

图 4-1-1　表格组成部分

表格通常包含以下几个部分:

- **单元格**:在行和列相交处形成的框。每个单元格包含一个数据项。
- **标题行**:位于顶行的标签名称,用于显示列的标题,解释下面列中的内容。
- **行标签**:第一列中描述每行内容的标签,也被称为行标题。
- **边框**:表格中定义行和列所在位置的行。
- **网格线**:显示列和行所在位置的灰线。除非您在表格中的所有单元格周围绘制了边框，否则如果没有网格线，您将无法分辨行和列的开始和结束位置。

4.1.1　如何往幻灯片中插入指定行和列的表格

使用表格可以更加有序地排列幻灯片中的内容，本小节演示如何往幻灯片中插入表格。

❶ **插入表格**：单击**插入**标签，显示插入功能面板。单击**表格**下拉箭头，打开表格功能面板。在表格缩略图上按下并向右下方拖动，设置表格拥有的行数和列数。

创建表格后，您会发现多了两个新的选项卡：**设计选项卡**和**布局选项卡**。设计选项卡提供用于修改表格的外观；布局选项卡用于编辑表格的结构。

❷ **调整表格**：此时插入了一张 7 行 6 列的表格，在表格定界框的控点上按下并拖动，调整表格的宽度和高度，以适应幻灯片的尺寸。在定界框上按下并拖动，将表格移到图片的右侧，如图 4-1-2 所示。

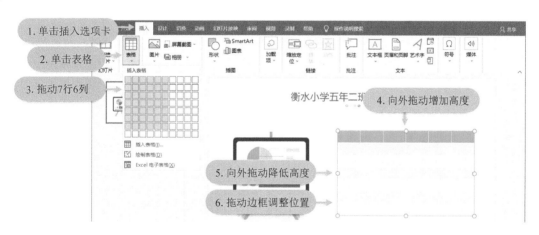

图 4-1-2　插入表格

调整尺寸：拖动表格四周的 8 个控点可以更改表格的尺寸。
移动位置：在表格四周的边框上按下并拖动可以移动表格。

❸ **删除表格**：当选中表格时，按下键盘上的 **Del** 删除键，可以删除该表格。

选择单元格：单击一个单元格可以选择它，在一个单元格中按下并拖动可以选择相邻的单元格。

选择行：将鼠标移到行的左侧，当鼠标变成向右的箭头 ⇨ 时，单击可以选择一行，单击并上下拖动可以选择多行。

选择列：将鼠标移到列的上方，当鼠标变成向下的箭头 ⇩ 时，单击可以选择一列；单击并左右拖动可以选择多列。

选择表格：将鼠标移到表格边框，单击即可选择表格。

接着演示第二种插入表格的方式。

❹ 插入表格：单击**表格**下拉箭头，打开表格功能面板。单击**插入表格**命令，可以打开插入表格窗口。将表格的列数设置为 4 列。接着将表格的行数设置为 8 行。单击**确定**按钮，创建一个 8 行 4 列的表格，如图 4-1-3 所示。

图 4-1-3　插入表格窗口

默认情况下，表格与演示文稿主题的配色方案相匹配。

第一行被格式化为标题行，随后的行被带状排列。

完成表格的创建之后，现在可以往表格中输入数据了。

❺ 输入数据：首先将光标放在第一行第一列的单元格里。然后在光标位置输入文字内容：**姓名**，如图 4-1-4 所示。使用键盘上的方向键，将光标移到右侧的单元格。在第二个单元格中输入文字：**语言**。使用 **Tab** 键也可以将光标移到下一个单元格。在第三个单元格中输入文字：**数学**。7、使用相同方式在其他单元格中输入文字。

❻ 调整文字尺寸：首先选择第 2~8 行的单元格。在**字号**输入框里输入 14，以增加文字的尺寸。

表 4 - 1 - 1　幻灯片放映的快捷键列表

按　　键	光标移向
Tab	下一个单元格
Shift＋Tab	上一个单元格
↓	下一行
↑	上一行
Alt＋Home	行首
Alt＋End	行尾
Alt＋Page Up	列顶
Alt＋Page Down	列底

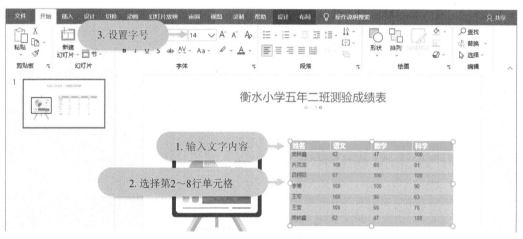

图 4 - 1 - 4　输入数据

❼ **调整文字对齐**：现在来调整单元格中文字的对齐方式。首先在表格的定界框上单击，以选择整个表格。单击**布局**标签，显示布局功能面板。单击**对齐方式**命令组中的**居中水平对齐**图标，将所有单元格中的文字，在水平方向上居中对齐。单击**垂直水平对齐**图标，将所有单元格中的文字，在垂直方向上居中对齐，如图 4 - 1 - 5 所示。

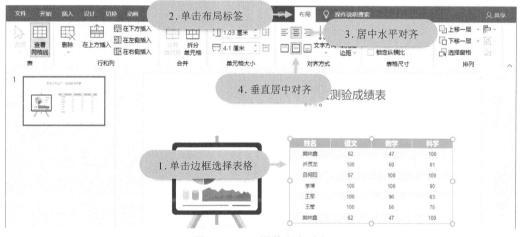

图 4 - 1 - 5　调整文字对齐

这样就完成了表格的创建和文字的录入,最终效果如图4-1-6所示。

图4-1-6　测验成绩表

4.1.2　如何在幻灯片中使用 Excel 电子表格

老师,Excel 电子表格具有较强大的数据处理和分析能力,我如果在 Excel 里将数据处理、分析好了,回头可以将结果转换到 PPT 中吗?

可以的,小王。在 PPT 中插入 Excel 电子表格有 3 种方法:通过插入命令插入 Excel 工作表;将 PPT 内容链接到 Excel 工作表;利用复制粘贴插入 Excel 工作表。

❶ **插入 Excel 表格**:首先演示第一种插入 Excel 工作表的方式,单击**插入**标签,显示插入功能面板。单击**表格**下拉箭头,打开表格功能面板。单击 **Excel 电子表格**命令,往幻灯片中插入一张电子表格,如图4-1-7所示。

❷ **输入数据**:单击电子表格的第一个单元格。输入商品名称。单击电子表格的第二个单元格。继续在电子表格中输入内容。

完成电子表格的创建和编辑后,单击电子表格外部,即可返回 PowerPoint。当需要修改电子表格中的内容时,只需双击电子表格,即可再次进入 Excel 电子表格编辑模式,如图4-1-8所示。

图 4 - 1 - 7　插入 Excel 表

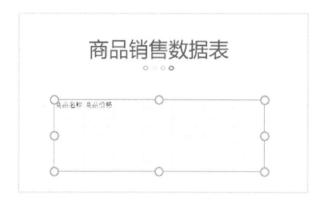

图 4 - 1 - 8　编辑电子表格

❸ **删除表格：**使用键盘上的 **Del** 删除键，删除所选的对象。

❹ **插入已有 Excel 表格：**接着演示如何往幻灯片中插入外部的电子表格。单击**插入对象**图标，打开插入对象窗口。选中左侧的**由文件创建**单选框。然后单击**浏览**按钮，打开文件拾取窗口。在文件拾取窗口中，选择并打开所选的电子表格文档。单击**确定**按钮，完成电子表格文档的导入，如图 4 - 1 - 9 所示。

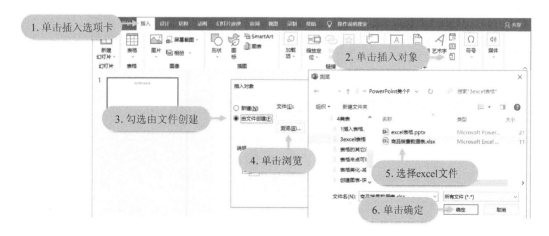

图 4 - 1 - 9　插入已有 Excel 表格

153

❺ **修改电子表格尺寸**：在电子表格定界框的控点上按下，并拖动，以调整电子表格的尺寸，使电子表格适应幻灯片的大小，如图 4 - 1 - 10 所示。

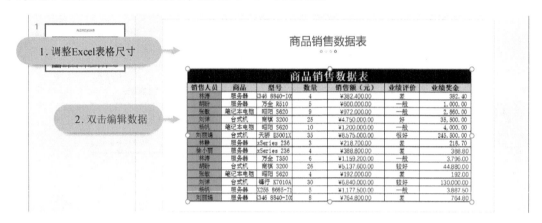

图 4 - 1 - 10　修改电子表格尺寸

当双击一个电子表格时，它会进入 Excel 软件界面。但是当单击它时，它更像一张图片。这意味着当您调整电子表格的大小时，您应该按住 Shift 键以保持纵横比，使表格中的内容不会出现扭曲。

由于幻灯片中已经包含了标题，所以可以删除电子表格中的标题。当需要编辑电子表格中的内容时，同样只需要在表格的上方双击，即可进入电子表格编辑界面。

❻ **删除一行单元格**：现在来删除第一行的单元格，在第一行的编号上单击鼠标右键，打开右键菜单。选择菜单中的**删除**命令，删除第一行单元格，如图 4 - 1 - 11 所示。

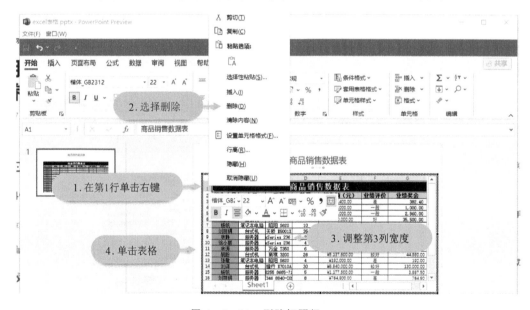

图 4 - 1 - 11　删除标题行

这样就完成了电子表格的编辑，单击电子表格的外部，返回 PowerPoint 界面。最终效果如图 4 - 1 - 12 所示。

商品销售数据表

销售人员	商品	型号	数量	销售额（元）	业绩评价	业绩奖金
林涛	服务器	X346 8840-I02	4	¥382,400.00	差	382.40
胡盼	服务器	万全 R510	5	¥600,000.00	一般	1,000.00
张敏	笔记本电脑	昭阳 S620	9	¥972,000.00	一般	2,860.00
刘详	台式机	商祺 3200	25	¥4,750,000.00	好	35,500.00
杨帆	笔记本电脑	昭阳 S620	10	¥1,200,000.00	一般	4,000.00
刘丽娟	台式机	天骄 E5001X	35	¥8,575,000.00	很好	245,500.00
林静	服务器	xSeries 236	3	¥218,700.00	差	218.70
徐小丽	服务器	xSeries 236	4	¥388,800.00	差	388.80
林涛	服务器	万全 T350	6	¥1,159,200.00	一般	3,796.00
胡盼	台式机	商祺 3200	26	¥5,137,600.00	较好	44,880.00
张敏	笔记本电脑	昭阳 S620	4	¥192,000.00	差	192.00
刘详	台式机	锋行 K7010A	30	¥6,840,000.00	较好	130,000.00
杨帆	服务器	X255 8685-71	5	¥1,177,500.00	一般	3,887.50
刘丽娟	服务器	X346 8840-I02	8	¥764,800.00	差	764.80

图 4 - 1 - 12　Excel 表格

4.1.3　如何插入或删除表格的行与列

表格的数据往往是变化的，所以本小节通过一个实例，演示如何插入或删除表格的行与列，以及如何调整行高或列宽。

❶ **插入表格**：单击**插入**标签，显示插入功能面板。首先插入一个 5 行 6 列的表格，用来制作电信流量的按量计费与包年包月的区别。接着在表格中依次输入相关的内容，如图 4 - 1 - 13 所示。

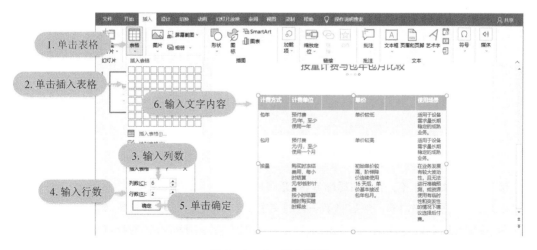

图 4 - 1 - 13　插入表格

❷ **删除行**：当表格中出现多余的行时，可以将它删除，首先将光标移到这一行的左侧，当光标形状变为右向箭头时，单击一下即可选择整行单元格。单击**布局**标签，打开布局功能面板。然后单击**删除**下拉箭头，打开删除命令列表。选择命令列表中的**删除行**命令，删除这一行单元格，如图 4 - 1 - 14 所示。

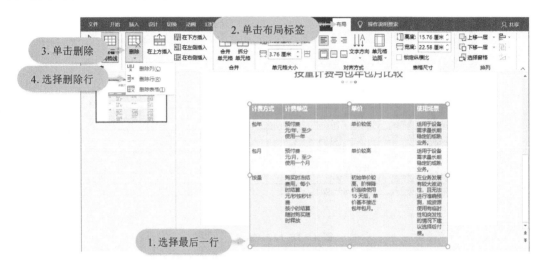

图 4 - 1 - 14　选择最后一行

❸ **调整表格尺寸**：通过拖动表格定界框上控点来调整表格的尺寸，以适配幻灯片的大小。

❹ **设置标题行样式**：将光标移到第一行的左侧，当光标变为右向箭头 ⇨ 时，单击一下即可选择整行单元格。在**字号**输入框里输入 14，以缩小文字的尺寸。单击**设计**标签，显示设计功能面板。然后将第一行单元格的背景颜色设置为深灰色，如图 4 - 1 - 15 所示。

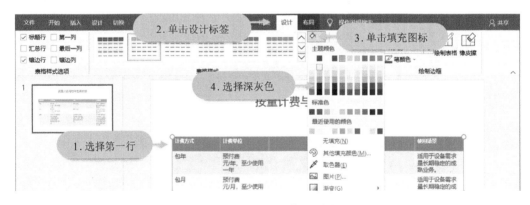

图 4 - 1 - 15　设置标题样式

❺ **标题行文字对齐**：单击**布局**标签，打开布局功能面板。单击**水平居中**图标，将第一行的文字在单元格中水平居中对齐。然后将第一行的文字在单元格中垂直居中对齐，如图 4 - 1 - 16 所示。

❻ **调整左侧单元格样式**：接着来调整第一列的下方三个单元格的样式，在一个单元格中按下鼠标，并向下滑动，以选择这三个单元格。单击**开始**标签，显示开始功能面板。在**字号**输入框里输入 32，以增加文字的尺寸。单击**加粗**图标。单击**文字居中**图标，将所选文字居中对

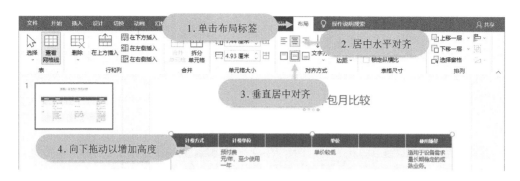

图 4 - 1 - 16　标题文字对齐

齐。然后将文字的颜色设置为白色。

❼ **设置左侧单元格对齐方式**：单击**布局**标签，打开布局功能面板。单击**垂直居中**图标，使所选文字位于单元格的垂直居中的位置，如图 4 - 1 - 17 所示。

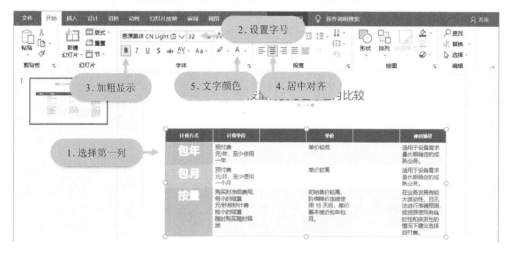

图 4 - 1 - 17　设置左侧单元格对齐方式

❽ **设置其他单元格样式**：在第二行第二列的单元格上按下，并向右下方拖动，以选择所有的内部单元格。在**字号**输入框里输入 12，以缩小文字的尺寸，如图 4 - 1 - 18 所示。

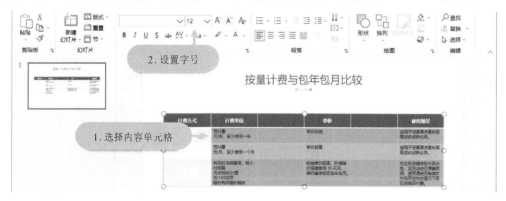

图 4 - 1 - 18　设置其他单元格样式

157

为了更好地区分包年、包月和按量三种计费方式,可以给这三种不同计费方式的标题设置不同的背景颜色。

❾ **设置单元格背景**:首先单击**包年**单元格。单击**设计**标签,单击**填充颜色**图标,设置包年单元格的背景颜色。将光标移到右侧的两个空白单元格,将它的背景颜色设置为和包年方式相同的背景颜色。使用相同的方式,给**包月**和**按量**两种计费方式,也设置不同的背景颜色,如图 4-1-19 所示。

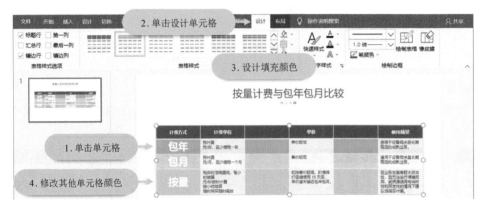

图 4-1-19　设置单元格背景颜色

接着缩小两列单元格的宽度,以给文字所在的单元格更多的空间。

❿ **设置单元格宽度**:在第 3 列单元格的右侧边框上按下鼠标,并向左拖动,以缩小第 3 列单元格的宽度。使用相同的方式,继续调整第 5 列单元格的宽度。

调整行高:将鼠标放在列边框上,当鼠标变为双头箭头 ╫ 时拖动列边框。

调整列宽:将鼠标放在行边框上,当鼠标变为双头箭头 ╪ 时拖动行边框。

为了避免表格右侧的内容显得过于突兀,需要在表格的右侧也添加一列单元格。

⓫ **添加列**:首先将光标移到最右侧的单元格。然后单击**布局**标签,打开布局功能面板。单击**在右侧插入**图标,在光标的右侧插入一列单元格。缩小新列的单元格的宽度。分别设置这些新的单元格填充颜色,如图 4-1-20 所示。

图 4-1-20　添加列

最后来增加单元格的内部间距,使文字内容和单元格的边界保持适当的距离。

⓬ **设置内间距**:首先选择所有内部的单元格。单击单元格边距下拉箭头,打开常用的边距样式列表。选择下方的**宽**选项,增加单元格的内间距,如图 4 – 1 – 21 所示。

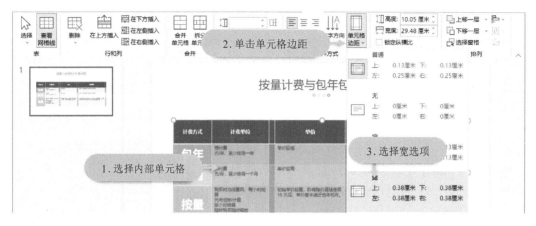

图 4 – 1 – 21   设置内间距

这样就完成了表格的制作,最终效果如图 4 – 1 – 22 所示。

计费方式	计费单位	单价	使用场景
包年	预付费 元/年,至少使用一年	单价较低	适用于设备需求量长期稳定的成熟业务。
包月	预付费 元/月,至少使用一个月	单价较高	适用于设备需求量长期稳定的成熟业务。
按量	购买时冻结费用,每小时结算 元/秒接秒计费 按小时结算 随时购买随时释放	初始单价较高,阶梯降价后连续使用 15 天后,单价基本接近包年包月。	在业务发展有较大波动性,且无法进行准确预测,或资源使用有临时性和突发性的情况下建议选择后付费。

图 4 – 1 – 22   删除无用版式

4.1.4   如何往幻灯片中插入两个并排排列的表格

本小节演示如何往幻灯片中插入两个表格,分别用来显示一个班级里的男生和女生前三名的成绩单。

❶ **添加表格**:首先单击**插入**标签,显示插入功能面板。通过**插入表格**命令,插入一张 5 行 3 列的表格。接着在表格中输入男同学的姓名和他们的成绩单,如图 4 – 1 – 23 所示。

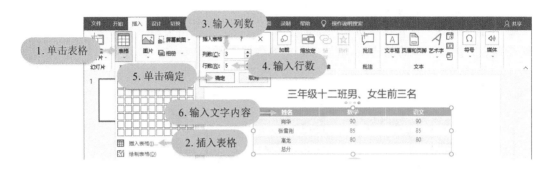

图 4 - 1 - 23　添加表格

总分右侧需要显示所有同学考分的总和,因此需要将右侧的两个单元格合并起来。

❷ **合并单元格**:单击**布局**标签,打开布局功能面板。单击**合并单元格**命令,将所选单元格合并为一个单元格。然后在光标位置输入所有男生的总考分,如图 4 - 1 - 24 所示。

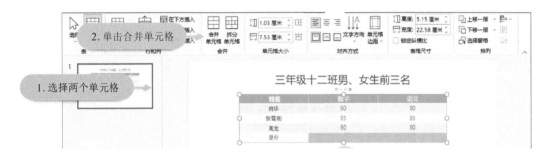

图 4 - 1 - 24　合并单元格

❸ **调整表格**:缩小表格的宽度。将表格移到幻灯片的左边。单击**布局**选项卡,打开布局功能面板。单击**垂直居中**图标,将文字移到单元格的中心位置,如图 4 - 1 - 25 所示。

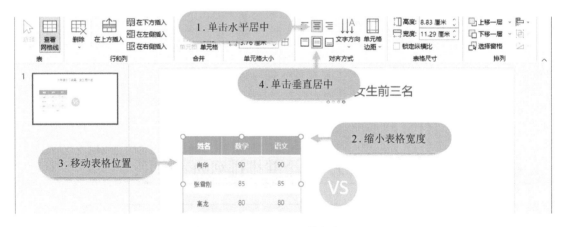

图 4 - 1 - 25　调整表格

❹ **复制表格**:接着以复制的方式,创建右侧的表格。按下键盘上的 **Ctrl** 键。在按下该键的同时,向右侧拖动以复制表格。然后在新的表格中输入女生的成绩,如图 4 - 1 - 26 所示。

❺ **设置表格样式**:为了和男生的成绩单进行区分,现在来修改女生成绩单的表格样式。

单击**设计**标签,打开设计功能面板。在表格样式列表中,选择一款样式作为表格新的样式。

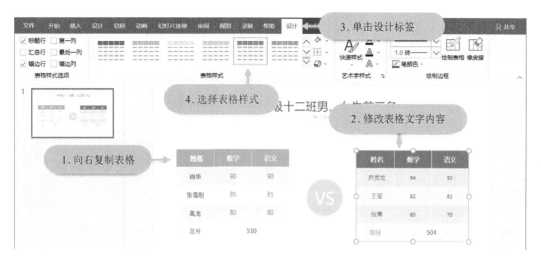

图 4 - 1 - 26　复制表格

这样就完成了两个表格的制作,最终效果如图 4 - 1 - 27 所示。

图 4 - 1 - 27　两个并排表格

4.2　表格在幻灯片中的应用示例

小王,前面的内容是对表格基本操作的理解和掌握。接着将通过 5 个实用、漂亮的表格案例,深入介绍表格的应用技巧,使你在设计 PPT 中的表格时更加得心应手。

太好了,老师,那我一定要洗耳恭听,希望不要太难哦☺。

4.2.1　如何通过表格制作一份漂亮的学习计划表

无论工作和学习我们都离不开计划表,本小节介绍使用表格来制作一份漂亮的学习计划表。通过本小节的学习,你将明白即使一个简单的表格,也能构成漂亮的PPT版面。

❶ **插入表格**:首先单击**插入**标签,显示插入功能面板。然后通过插入表格命令,往幻灯片中插入一张6行32列的表格,如图4-2-1所示。

❷ **增加表格尺寸**:现在来调整下表格的尺寸,向右侧拖动定界框上的控点,以增加表格的宽度。同样增加表格的高度,使表格适配幻灯片的尺寸。

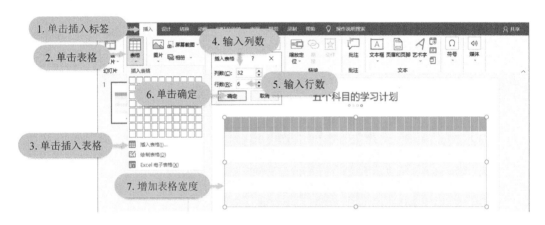

图 4-2-1　插入表格

由于第一列是用来显示科目名称的,所以它的宽度需要大一些。

❸ **增加左侧列的宽度**:向右侧拖动第一列单元格的右侧边框,以增加第一列的宽度。选择第一列之外的所有单元格。在**宽度**输入框里输入0.87,以缩小这些单元格的宽度,如图4-2-2所示。

为了区分不同的区域,需要给第一行和第一列设置不同的背景颜色。

❹ **设置首行首列单元格颜色**:单击**设计**标签,显示设计功能面板。将光标移到第一行的左侧,当光标变为向右箭头⇨时,单击,以选择这一行的所有单元格。然后将单元格的背景颜色修改为**浅灰色**。将光标移到第一列的上方,当光标变成向下箭头⇩时单击,即可选择第一列的所有单元格。将单元格的背景颜色修改为深灰色。

❺ **输入内容**:在第一行的单元格中依次输入从1~31的数字,表示一个月中的所有天数,

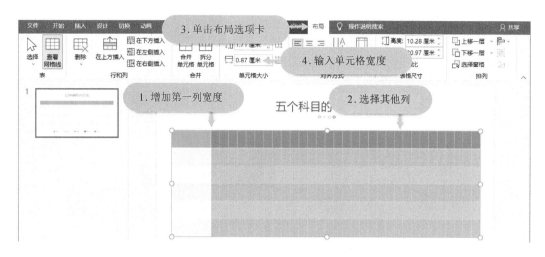

图 4 - 2 - 2　增加左列宽度

如图 4 - 2 - 3 所示。继续在左侧的单元格中输入各个科目的名称。

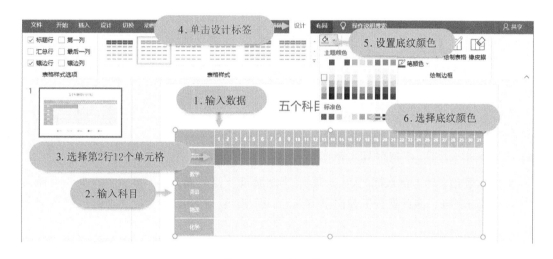

图 4 - 2 - 3　输入内容

这样就完成了表格列标题和行标题的制作,接着来制作在一个月中,每个科目的学习时间。

❻ **设置科目学习时间**:在第 2 行第 2 列的单元格中按下并向右拖动,选择 12 个单元格。根据幻灯片底部的图例的颜色,设置所选单元格的背景颜色。使用相同的方式,为另外四个科目分别设置学习计划。

这样就通过表格工具,完成了一份富有创意的学习日程表!如图 4 - 2 - 4 所示。

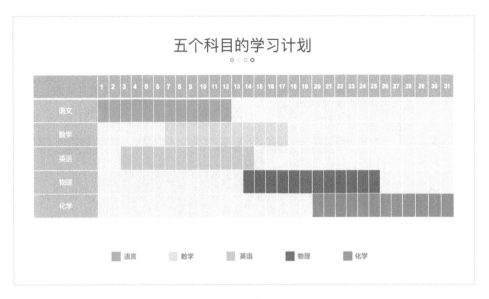

图 4 - 2 - 4　学习计划表

4.2.2　如何使用表格进行图片排版

使用表格不仅可以有序地排列幻灯片中的内容,还可以被当作非常好的排版工具来使用。

❶ 插入表格:单击插入标签,显示插入功能面板。使用插入表格命令,往文档中插入一张 2 行 4 列的表格。在此处按下并向下方拖动,以增加表格的高度,如图 4 - 2 - 5 所示。

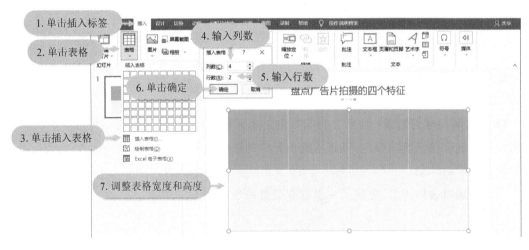

图 4 - 2 - 5　插入表格

这样就在幻灯片中创建了 8 个格子,现在开始往每个格子里填充内容。

❷ **填充单元格**：首先将光标移入第一个单元格。单击**设计**标签，显示设计功能面板。然后往这个单元格里插入一张图片素材，如图 4-2-6 所示。

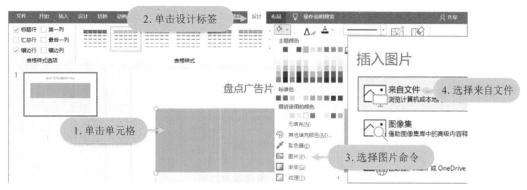

图 4-2-6　填充单元格

❸ **填入文字**：在第二个单元格中单击，将光标移入此处。然后在光标位置，输入文字内容。

❹ **设置文字样式**：选择第一行的标题文字。在**字号**输入框里输入 18，以增加文字的尺寸。接着将文字的行距调整为 **1.5 倍**，以避免文字过于拥挤，如图 4-2-7 所示。

图 4-2-7　设置文字样式

❺ **设置对齐方式**：单击**布局**标签。单击**水平居中**图标，将所选文字在单元格里水平居中对齐。单击**垂直居中**图标，将所选文字在单元格里垂直居中对齐，如图 4-2-8 所示。

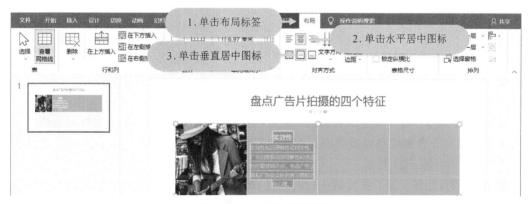

图 4-2-8　设置对齐方式

使用相同的方式,依次为其他的单元格填充图片或文字内容。

❻ **清除表格边框**:由于单元格之间的白色框线破坏了画面的美感,现在来去除这些框线。首先选择整个表格。选择框线类型列表中的**无框线**选项,去除表格的框线,如图 4 - 2 - 9 所示。

图 4 - 2 - 9　清除表格边框

这样就完成了使用表格进行排版的任务,最终效果如图 4 - 2 - 10 所示。

图 4 - 2 - 10　使用表格进行快速图片排版

4.2.3　如何使用图形来装饰和美化表格

小王,还记得我们在上一章讲到形状可以发挥很好的装饰作用吗?
本小节示例幻灯片是一份平淡无奇的考评成绩单,可在表格中插入一些形状,使版面不再僵硬、死板。

❶ **修改边框颜色**:单击**设计**标签,显示设计功能面板。首先需要将表格的边框颜色修改为浅灰色。单击**所有框线**图标,将表格的所有框线设置为浅灰色,如图 4 - 2 - 11 所示。

❷ **清除外边框**:接着来清除表格的外边框,首先打开**边框样式**列表。选择列表中的**无边框**选项。然后打开**表格框线类型**列表。选择列表中的**外侧框线**选项,将表格的外侧框线设置为无边框,如图 4 - 2 - 12 所示。

❸ **绘制圆角矩形**:为了突显第一行的标题,现在来绘制一个长条形状的圆角矩形。在**插入形状**面板中选择**圆角矩形**工具,在表格第一行的位置绘制一个圆角矩形,如图 4 - 2 - 13 所示。

❹ **设置圆角矩形样式**：圆角矩形左上角的小黄点上按下鼠标,并向右侧拖动,以增加圆角半径的尺寸。将圆角矩形的填充颜色设置为浅灰色。然后通过**置于底层**命令,将圆角矩形移到文字的下方,作为标题文字的背景。

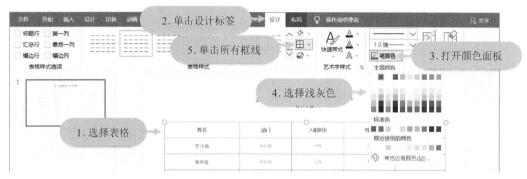

图 4-2-11 修改边框颜色

图 4-2-12 清除外边框

图 4-2-13 绘制圆角矩形

❺ **修改文字颜色**：选择第一行的文字内容,将颜色设置为白色,如图 4-2-14 所示。

图 4-2-14 设置内部框线

❻ **设置内部框线**：单击**设计**标签,显示设计功能面板。将边框的颜色设置为白色。然后将边框样式设置为实线样式。单击**边框样式**下拉箭头,打开表格框线类型列表。选择列表中的**内部框线**命令,将所选单元格的内部框线设置为白色。

这样就完成了表格样式的修改,以及形状在表格中的应用示例,如图 4-2-15 所示。

图 4-2-15　使用图形来装饰和美化表格

4.2.4　如何使用图标来代替表格里的字符

图标和文字相比具有更好的视觉效果!

当表格中的文字内容,可以使用图标来替代时,就将它们替换为图标,这样可以使表格看起来更加美观和专业。

❶ **删除文字**：首先选择示例幻灯片中的**性别**和**考评成绩**两列文字。按下键盘上的 **Del** 删除键,删除所选的文字,如图 4-2-16 所示。

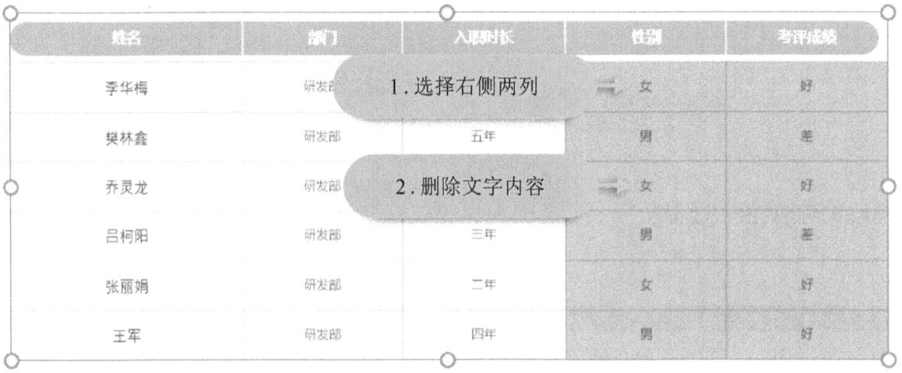

图 4-2-16　删除文字

❷ **插入图标**：单击**插入**标签,显示插入功能面板。单击**图标**命令,打开图标拾取窗口。在图标类型列表中单击**脸**类别,搜索该类的所有图标。选择需要插入的图标。然后查看**标志和符号**类别下的所有图标。继续选择该类别下的性别图标。单击**确定**按钮,将选择的图标插入到幻灯片中,如图 4-2-17 所示。

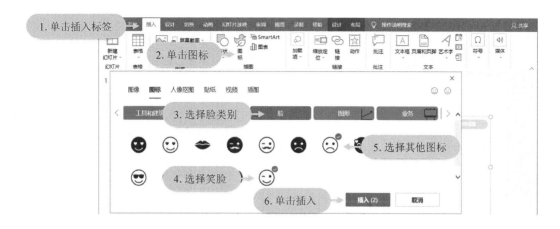

图 4 - 2 - 17　插入图标

❸ **编辑图标**：将图标的尺寸缩小以适配单元格的高度。将与性别相关的图标的颜色,修改为和文字相同的颜色。将笑脸图标修改为绿色,绿色的笑脸表示考评成绩合格。将伤心图标的颜色修改为红色,表示考评成绩不合格。

❹ **移动图标**：将性别图标移到性别列的单元格。将表情图标移到考评成绩这一列单元格,如图 4 - 2 - 18 所示。

❺ **复制图标**：由于插入图标的数量不够,因此需要复制插入的图标。首先选择性别图标。在按下 **Ctrl** 键的同时,拖动图标以复制该对象。使用相同的方式,复制其他的图标,并将它们放在对应的单元格中。

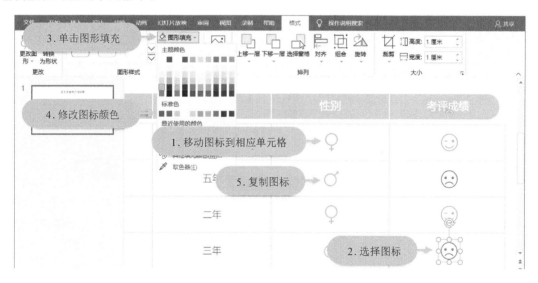

图 4 - 2 - 18　移动图标

文字被替换为图标之后,整个版面更加生动、形象。最终效果如图 4 - 2 - 19 所示。

员工季度考评成绩单

员工季度考评成绩单

前 后

图 4-2-19　使用图标替代表格里的字符

4.2.5　如何通过减少表格的线条来美化表格

记住**少即是多**这句话,小王。PPT 是用于面向大众演示的,减少不必要的细节才更能让观众聚焦重要内容。你需要通过减少表格的线条,以及给表格设置间隔背景色的方式,来美化本小节的示例表格。

❶ **去除表格边框**:首先选择示例幻灯片中的表格。单击**设计**标签。然后将表格画笔的边框设置为**无边框**。接着给表格的外侧框线,应用这种无边框的样式。继续将表格的内部竖框线也设置为无边框的样式,如图 4-2-20 所示。

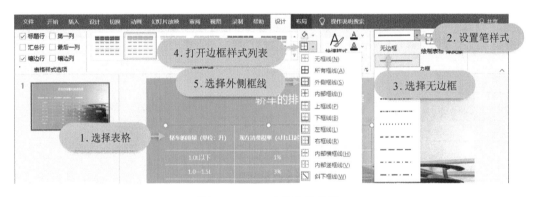

图 4-2-20　去除表格边框

❷ **设置半透明间隔背景**:为了避免单元格的背景颜色遮挡底部的图片,可以增加背景颜色的透明度。使用相同的方式,将每隔一行单元格的背景设置为半透明的灰色,如图 4-2-21 所示。

在幻灯片中使用表格时,建议尽量减少表格的框线,并且通过间隔背景颜色的方式,使表格的内容更加容易阅读,尤其是当表格拥有多列单元格时,如图 4-2-22 所示。

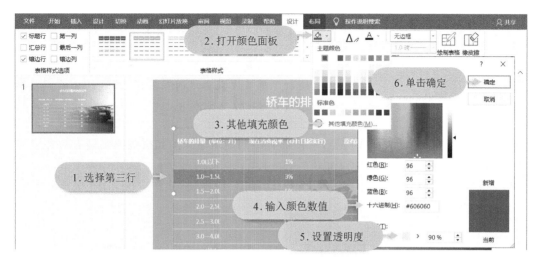

图 4 - 2 - 21 设置半透明间隔背景

图 4 - 2 - 22 删除无用边框

4.3 使用图表在幻灯片中形象地展示数据

老师，通过上面几个示例我已经知道表格的应用之处了，可是我还是更加喜欢图表，因为图表看起来更漂亮☺。

哈哈，**图表确实是最漂亮的数据表达形式**！人脑对视觉信息的处理总要比书面信息容易得多。使用图表来总结复杂的数据，可以确保观众对关系的理解要比那些混乱的电子表格更快。

在现代世界中，人们的数据素养比以往任何时候都高。
图表以可视化的方法展示数据，使我们能够**识别趋势和异常值**。这使我们能够采取明智的行动来改进，或者对我们的数据结果做出反应。

图表已经被人类使用很长时间了。

● 1765 年，约瑟夫·普里斯特利创建了一个时间线图来可视化一个人的寿命。
● 1786 年，苏格兰工程师威廉·普莱费尔发明了条形图、折线图和面积图。
● 1854 年，约翰·斯诺医生绘制了感染霍乱家庭的位置图，通过绘制疾病集群图，卫生人员可以找到爆发的源头并防止其传播。

　　PowerPoint 中有 19 种图表类型，每种都有不同的用途。例如折线图最适合说明随时间的变化，而条形图则适合进行比较，如图 4-3-1 所示。

　　PowerPoint 支持多种图表类型：条形图、柱形图、饼图、折线图、散点图、面积图、雷达图等。不同类型的图表适合显示不同类型的数据。

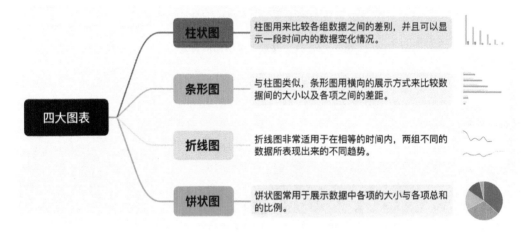

图 4-3-1　四大图表用途

　　一张图表往往包含以下几个元素，如图 4-3-2 所示。

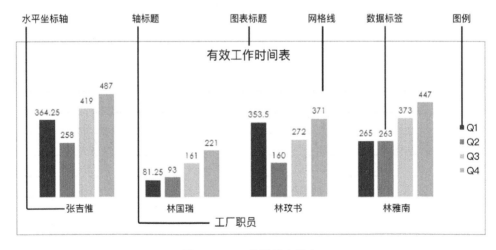

图 4-3-2　常见图表元素

● **系列**：每个系列通常由数据表上的一行表示，但您可以更改数据表，使每列代表一个系列。每个系列的名称可以显示在图例中。

● **数据标签**：是每个数据系列的值或数据点的图形表示。

● **轴**：图表边缘的线条。x 轴是图表底部的横线；y 轴是图表左边缘的竖线。x 轴通常表示类别，实际数据值沿 y 轴绘制。

● **图例**：用于识别图表上绘制的各种系列的数据标记颜色和名称。

● **数据表**：以表格形式提供了绘制数据点的详细信息。

● **误差线**：标记一个或多个系列与绘制值的固定偏差量或百分比。

● **网格线**：水平和垂直网格线沿每个轴标识测量点，有助于直观地量化数据。

● **趋势线**：此线标记一个根据类别中的所有系列值计算的预测未来的值。

如果图表元素或样式无法充分表达数据的内涵，可以使用图表右侧的三个按钮，如图 4-3-3 所示。

● **图表元素 ✚ 按钮**：显示、隐藏轴标题或数据标签等元素，或设置其格式。

● **图表样式 ✎ 按钮**：快速更改图表的颜色或样式。

● **图表过滤 ▽ 按钮**：用于显示或隐藏图表中的数据。

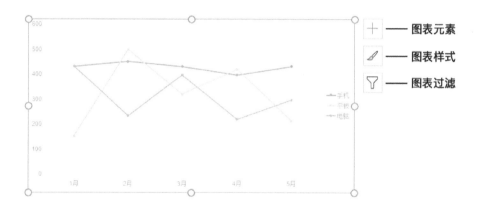

图 4-3-3　图表操作按钮

4.3.1　使用柱形图表制作学生成绩表

老师，证明观点的最佳方法是使用数字，而呈现数字的最佳方法是使用图表。根据我的职场经验，柱形图表的使用场景最多，我们就从柱形图表开始介绍。

没问题，小王。使用 PowerPoint 向演示文稿中添加柱形图表很容易。柱形图表的用途是将数据进行视觉化，用来呈现数据的变化趋势，以及分析数据背后的信息。

❶ **插入柱形图表**：要往幻灯片中插入图表，可以单击**插入**功能面板中的**图表**命令。在打

开的插入图表窗口中,左侧的列表是图表的类型列表,选择列表中的**柱形图**。单击**确定**按钮,往幻灯片中插入一张柱形图表,如图4-3-4所示。

❷ **输入图表数据**:当插入图表之后,会自动打开**图表数据源编辑**窗口。在窗口中输入图表的数据源。在数据范围定界框的右下角按下鼠标,并拖动,可以修改图表数据源的范围。当图表的数据源发生变化时,图表的外观也发生了变化,当完成数据源的编辑之后,单击**关闭**图标,关闭数据源编辑窗口。

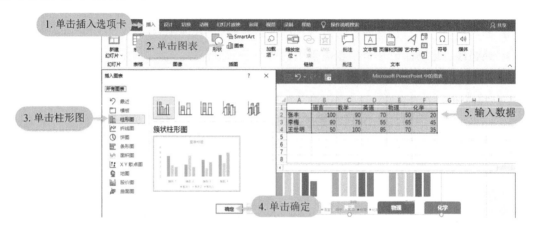

图4-3-4　插入图表

当您创建图表时,PowerPoint会打开一个链接的Microsoft Excel工作表,其中包含适用于所选图表类型的示例数据。您可以将工作表中的示例数据替换为自己的数据,幻灯片上的图表会实时显示您的数据。

❸ **调整图表**:使用图表周围的定界框调整图表的尺寸,以适配幻灯片的大小。将图表移到幻灯片的中心位置。

❹ **隐藏图表元素**:单击图表右侧的**图表元素**图标。取消选中**图表标题**左侧的复选框,隐藏图表上的标题。取消选中**图例**左侧的复选框,隐藏图表上的图例。完成图表元素的显示或隐藏操作之后,再次单击**图表元素**图标,隐藏图表元素列表,如图4-3-5所示。

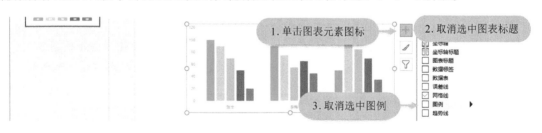

图4-3-5　隐藏图表元素

这样就完成了第一份图表的制作,最后终效果如图4-3-6所示。

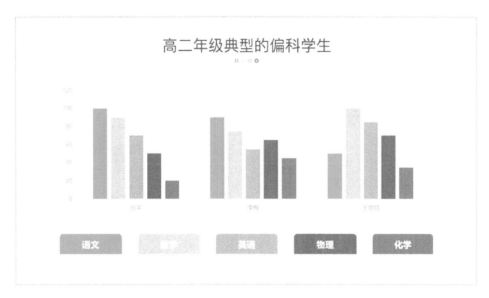

图 4 - 3 - 6　使用柱形图制作学生成绩表

PowerPoint 可以创建精细的图表,然而最有效的图表是具有 4 个或 5 个切片的简单饼图和具有四列或五列的简单柱形图。

当您的图表拥有超过 6 个或 7 个元素时,图表就会失去可读性。

4.3.2　使用三维堆积柱形图表制作水果销售榜单

堆积柱状图可以形象地展示一个大分类包含的每个小分类的数据,以及各个小分类的占比,显示单个项目与整体之间的关系。

你将在本节制作一份非常具有立体感的三维堆积柱形图。

❶ 插入三维堆积柱形图表:首先单击插入标签,显示插入功能面板。单击插入功能面板中的图表命令,打开插入图表窗口。在柱形图列表中,选择三维堆积柱形图。单击确定按钮,完成图表的插入,如图 4 - 3 - 7 所示。

❷ 输入数据:当插入图表之后,会自动打开图表数据源编辑窗口。在窗口中输入图表的数据源。完成数据源的编辑之后,单击关闭图标,关闭数据源编辑窗口。

❸ 隐藏图表元素:单击图表右侧的图表元素图标。取消选中图表标题左侧的复选框,隐藏图表上的标题。取消选中图例左侧的复选框,隐藏图表上的图例,如图 4 - 3 - 8 所示。

❹ 编辑柱形样式:现在来修改柱形图的样式,单击图表右侧的图表样式图标,打开设置图表区格式窗格。然后单击图表中的任意一个柱形图,以选择所有的柱形。选中部分棱椎单选框,只有最高的柱形是棱椎形状,其他的是棱台形状。将间隙宽度调整为 50%,以缩小柱间距,如图 4 - 3 - 9 所示。

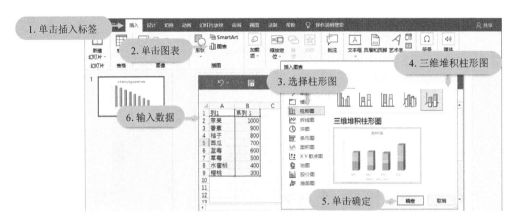

图 4 - 3 - 7　插入图表

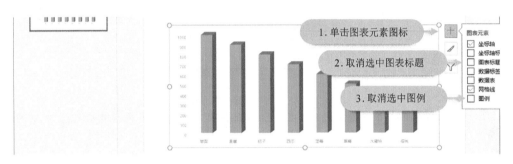

图 4 - 3 - 8　隐藏图表元素

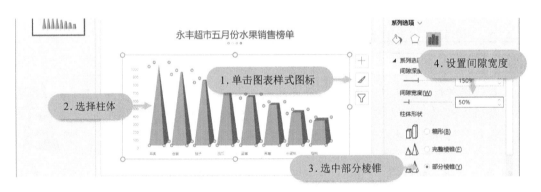

图 4 - 3 - 9　编辑柱形样式

❺ **修改柱形颜色。** 当前的画面比较单调，现在来调整柱形的填充颜色。连接单击两次第二个柱形，以单独选择该柱形。单击**格式**标签，显示格式功能面板。将所选柱形的填充颜色，设置为浅绿色。继续选择第三个柱形。将所选柱形的填充颜色设置为橙色。使用相同的方法，完成其他柱形颜色的修改，如图 4 - 3 - 10 所示。

❻ **绘制基座：** 此时还需要在底部绘制一个基座，使整个图表更有立体感。在**插入形状**面板中选择**平行四边形**工具，在图表底部绘制一个四边形，如图 4 - 3 - 11 所示。

❼ **设置基座样式：** 向右侧拖动平行四边形左上角的小黄点，以增加四边形的倾斜程度。将四边形的填充颜色修改为浅灰色。然后通过**置于底层**命令，将平行四边形移到图表的下方。

这样就完成了漂亮的三维柱形图的制作。最终效果如图 4 - 3 - 12 所示。

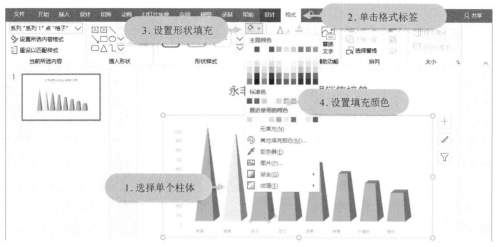

图 4 – 3 – 10 修改柱形颜色

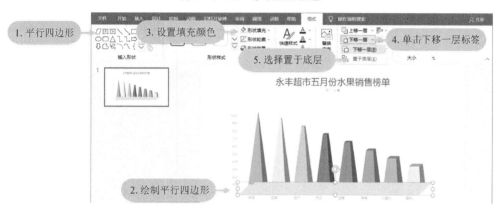

图 4 – 3 – 11 绘制基座

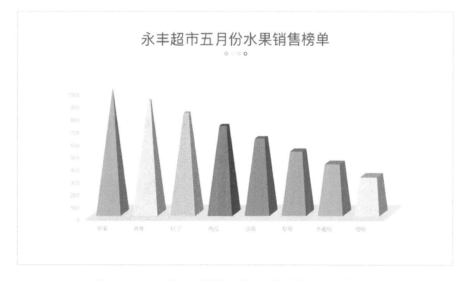

图 4 – 3 – 12 使用三维堆积柱形图表制作水果销售榜单

4.3.3　使用折线图表制作电脑销量趋势图

折线图表用于显示数据在一个连续的时间间隔或者时间跨度上的变化,它的特点是反映数据随时间或有序类别而变化的趋势。

小王,你在本节的任务就是制作一份显示销量趋势的折线图表。

❶ **插入图表**:单击插入功能面板中的**图表**命令,打开插入图表窗口。在左侧的图表类型列表中,选择**折线图**。在折线图表类型列表中,选择**带数据标记的折线图**。单击**确定**按钮,完成图表的插入,如图4-3-13所示。

❷ **输入数据**:当插入图表之后,会自动打开图表数据源编辑窗口。在窗口中输入图表的数据源。完成数据源的编辑之后,单击关闭图标,关闭数据源编辑窗口。

图4-3-13　插入折线图表

❸ **隐藏图表元素**:单击图表右侧的**图表元素**图标。取消选中**图表标题**左侧的复选框,可以隐藏图表上的标题。单击**添加图表元素**命令,以修改图例的位置。选择**右侧**选项,将图例移到图表的右侧,如图4-3-14所示。

图4-3-14　隐藏图表元素

❹ **修改折线图的样式**：首先单击图表右侧的**图表样式**图标，打开设置图表区格式窗格。选择 Y 轴以显示坐标轴选项设置面板。单击刻度线左侧的箭头，显示刻度线属性设置面板。将主刻度线的类型设置为**外部**，使刻度线显示在垂直坐标轴的左侧，如图 4 - 3 - 15 所示。

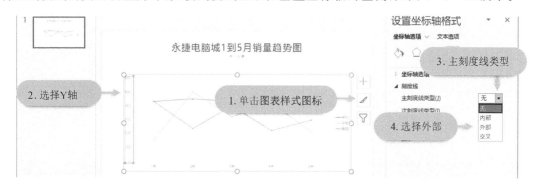

图 4 - 3 - 15　修改折线图的样式

❺ **设置坐标轴外观**：将 Y 轴线条的颜色设置为深灰色。单击选择 Y 轴上的文字，单击**增加字号**图标，增加所选文字的尺寸。使用相同的方式，增加水平坐标轴的文字的尺寸，如图 4 - 3 - 16 所示。

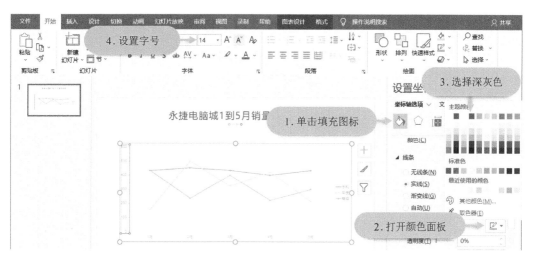

图 4 - 3 - 16　设置坐标轴

❻ **平滑折线**：折线的样式也是可以调整的，首先选择代表手机销量趋势的折线。选中**平滑线**复选框，将折线的线条设置为平滑的线条。使用相同的方式，调整另外两条折线的样式，如图 4 - 3 - 17 所示。

❼ **增加图例字号**：接着来修改图例中的文字的尺寸。选择位于图表右侧的图例。单击**开始**标签，显示开始功能面板。单击**增加字号**图标，增加所选文字的尺寸，如图 4 - 3 - 18 所示。

这样就完成了折线图表的制作，最终效果如图 4 - 3 - 19 所示。

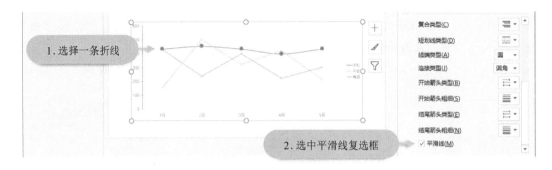

图 4 - 3 - 17　平滑折线

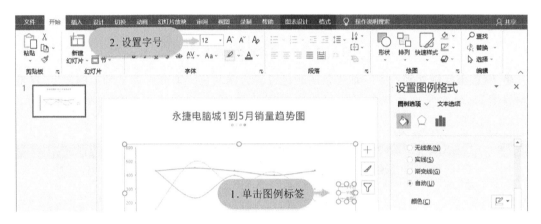

图 4 - 3 - 18　增加图例字号

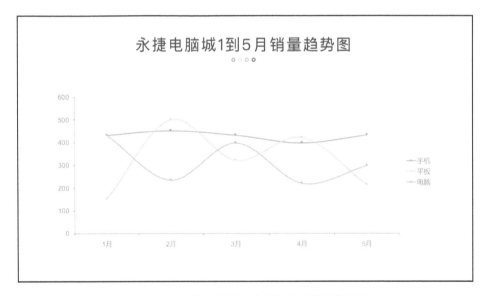

图 4 - 3 - 19　使用折线图表制作电脑销量趋势图

4.3.4 使用饼图制作投资公司四季收益图表

饼形图是将一个圆形划分为几个扇形的图表，即使用扇形的不同的面积，来表达数据之间的相对关系。

我们将在本小节制作一份饼形图表，用来描述公司四个季度的收益。

❶ **插入图表**：单击插入功能面板中的**图表**命令，打开插入图表窗口。在左侧的图表类型列表中，选择**饼图**。单击**确定**按钮，完成图表的插入，如图4-3-20所示。

❷ **输入数据**：当插入图表之后，会自动打开图表数据源编辑窗口。在窗口中输入图表的数据源。完成数据源的编辑之后，单击关闭图标，关闭数据源编辑窗口。

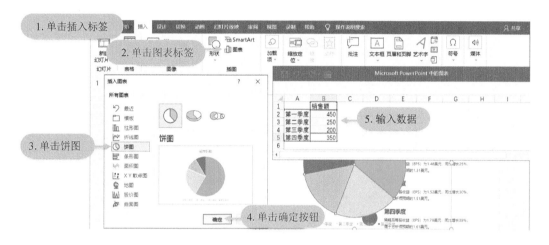

图4-3-20 插入图表

❸ **移动图表**：将图表移到幻灯片的左侧，以避免遮挡右侧的文字。

❹ **隐藏图表元素**：接着使用**添加图表元素**命令，隐藏图表中的标题。继续隐藏图表底部的图例，如图4-3-21所示。

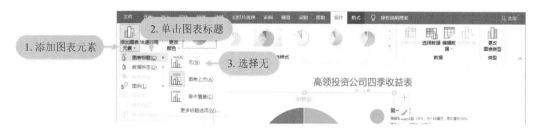

图4-3-21 隐藏图表元素

❺ **添加数据标签**：使用添加图表元素命令，给各扇区增加数据标签，以显示各扇区对应的数据，如图4-3-22所示。

接着来调整这些数据标签的字体尺寸和颜色。

❻ **设置数据标签样式**：首先单击一个数据标签，就会自动选择所有的数据标签。单击**开**

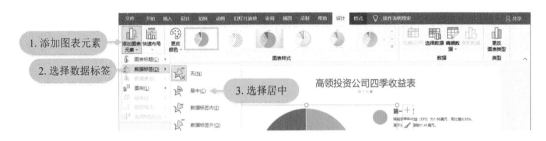

图 4 - 3 - 22　添加数据标签

始标签,显示开始功能面板。将所选文字的字号设置为 28,以增加文字的尺寸。将文字的颜色设置为白色,如图 4 - 3 - 23 所示。

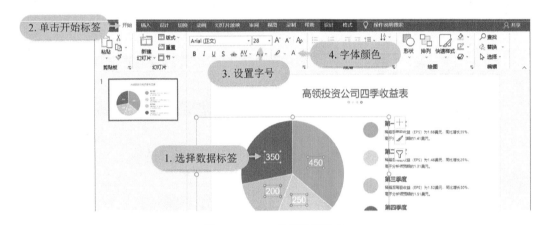

图 4 - 3 - 23　设置数据样式

接着来调整扇形的角度,将红色扇形旋转到饼图的最上方。

❼ **旋转和分离饼图**:单击图表右侧的**图表样式**图标,打开设置数据系列格式窗格。在第一扇区起始角度输入框里,输入 **51°**,以旋转整张饼图,使代表第四季度的红色扇形位于饼图的最上方。将饼图分离设置为 **2%**,以增加扇形的间距,如图 4 - 3 - 24 所示。

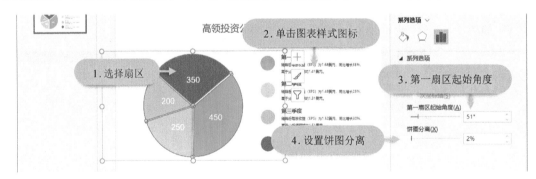

图 4 - 3 - 24　分离饼图

❽ **修改数据标签样式**:单击右侧的**图表**标签,显示图表属性设置面板。选中**百分比**复选框,往数据标签中增加数据占总数据的百分比。将数据的值和百分比之间的分隔符,从逗号修改为**新文本行**,如图 4 - 3 - 25 所示。

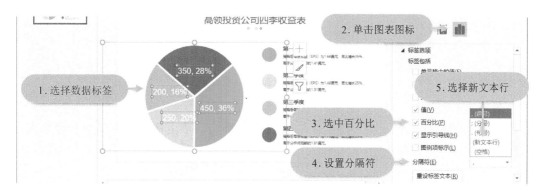

图 4 - 3 - 25　修改标签样式

这样就完成了饼图的制作，最终效果如图 4 - 3 - 26 所示。

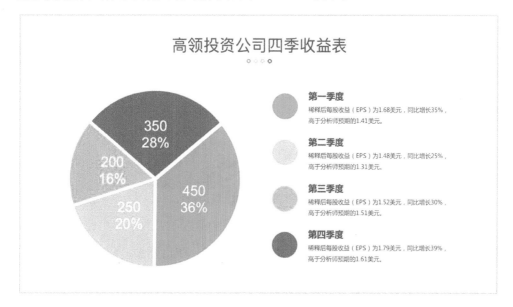

图 4 - 3 - 26　使用饼图制作投资公司四个季度收益图表

与至少绘制两个系列数据点的柱形图、条形图和折线图不同，饼图只绘制一个系列，每个数据点或切片反映整个系列的一小部分。

4.3.5　使用三维饼图制作年度销售额图表

老师，饼图的确很漂亮。我在小伙伴的 PPT 上还看到过三维饼图，当时让我非常惊艳，请老师传授一下三维饼图的制作方法。

小王，其实三维饼图的制作和二维饼图没有多少差别，步骤都很简单明了。但是为了使三维效果更加明显一些，我们可以将三维饼图的某个扇区从饼图中分离出来。

您将在本小节制作一份具有立体感的三维饼图。

❶ 插入图表：首先单击插入标签，显示插入功能面板。单击插图命令组中的图表命令，打开插入图表窗口。在左侧的图表类型列表中选择饼图。然后在饼图类型列表中，选择三维饼图选项。单击确定按钮，完成图表的插入，如图 4 - 3 - 27 所示。

❷ 输入数据：当插入图表之后，会自动打开图表数据源编辑窗口。在窗口中输入图表的数据源。完成数据源的编辑之后，单击关闭图标，关闭数据源编辑窗口。

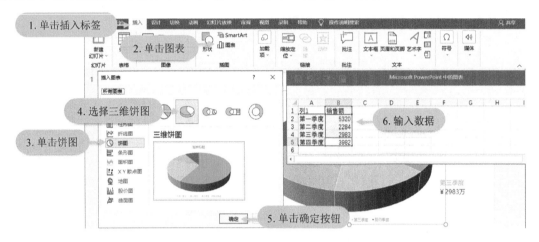

图 4 - 3 - 27　插入饼图

❸ 隐藏图表元素：使用鼠标单击图表中的标题元素。使用键盘上的删除键，删除所选的对象。同样删除图表中的图例。

❹ 分离饼图：首先单击图表右侧的图表样式图标，打开设置图表区格式的窗格。在图表里单击选择扇形区域。然后单击右侧的图表图标，显示图表设置面板。在饼图分离输入框里输入 1‰，以增加饼图之间的距离，如图 4 - 3 - 28 所示。

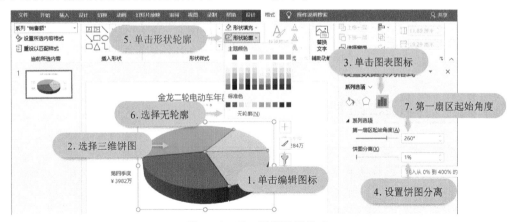

图 4 - 3 - 28　设置饼图样式

❺ 设置饼图样式：单击**格式**标签，显示格式功能面板。将饼图各扇区的轮廓颜色，设置为无轮廓。修改第一扇区的起始角度，使第一季度位于饼形图表的左上角。

为了突出显示第四季度的销售额，可以将该季度对应的扇区从饼图中分离出来。

❻ 下移分区：选择第四季度对应的扇区，向下拖动，以将它从饼图中分离出来，如图4-3-29所示。

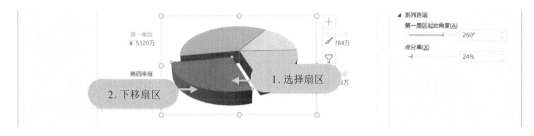

图4-3-29　下移分区

这样就完成了漂亮的三维饼图的制作，最终效果如图4-3-30所示。

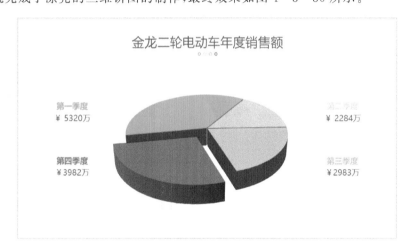

图4-3-30　使用三维饼图制作年度图表

4.3.6　使用环形图表制作销售成绩表

圆环图表是饼图的一种，小王，你可以将圆环图表理解成环形的饼图。现在你可以通过圆环图制作一份销售精英成绩图表。

❶ 插入圆环图表：首先单击**插入**选项卡，显示插入功能面板。单击插入功能面板中的**图表**命令，打开插入图表窗口。在左侧的图表类型列表中选择**饼图**。在饼图的类型列表中，选择**圆环图**。单击**确定**按钮，完成图表的插入，如图4-3-31所示。

❷ 输入数据：当插入图表之后，页面会自动打开图表数据源编辑窗口。在窗口中输入图表的数据源。完成数据源的编辑之后，单击关闭图标，关闭数据源编辑窗口。

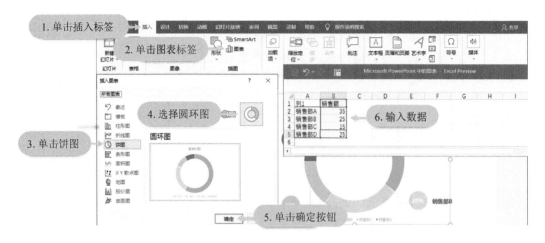

图 4 - 3 - 31　插入圆环图表

❸ **隐藏标题和图例**：单击图表右侧的**图表元素**图标。取消选中**图表标题**左侧的复选框，隐藏图表上的标题。取消选中**图例**左侧的复选框，隐藏图表上的图例，如图 4 - 3 - 32 所示

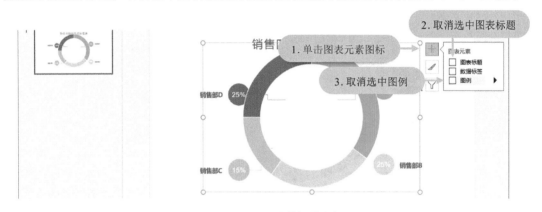

图 4 - 3 - 32　隐藏标题图例

❹ **编辑图表**：拖动图表定界框上的锚点调整图表的尺寸，以适配幻灯片的大小。将图表移到幻灯片的中心位置。

这样就快速完成了圆环图表的制作，最终效果如图 4 - 3 - 33 所示。

图 4 - 3 - 33　使用环形图表制作成绩表

4.3.7　使用面积图表,显示数据表

面积图又被称为区域图,可用来强调数量随时间变化的程度,也可用来表达数值的总体趋势。现在来通过面积图制作一份水果销售表。

本小节演示如何制作面积图表,以及如何在图表的下方显示数据表。

❶ **插入面积图表**:首先单击**插入**标签,显示插入功能面板。单击插入功能面板中的**图表**命令,打开插入图表窗口。在左侧的图表类型列表中,选择**面积图**。单击**确定**按钮,完成图表的插入,如图 4 - 3 - 34 所示。

❷ **输入数据**:当插入图表之后,会自动打开图表数据源编辑窗口。在窗口中输入图表的数据源。完成数据源的编辑之后,单击关闭图标,关闭数据源编辑窗口。

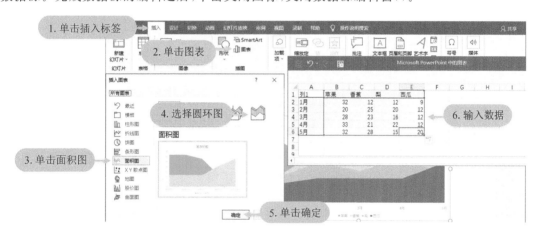

图 4 - 3 - 34　插入面积图表

❸ **隐藏标题和图例**:接着使用**添加图表元素**命令,去除图表中的标题元素。继续去除图表中的图例元素,如图 4 - 3 - 35 所示。

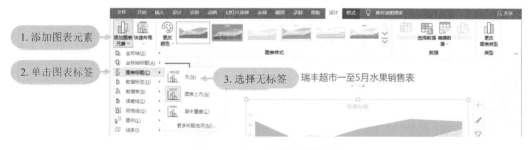

图 4 - 3 - 35　隐藏标题图例

有时为了方便观察图表的数据,可以将数据放在图表的下方。

❹ **添加数据表**:单击菜单中的**数据表**命令,查看数据表的显示方式列表。选择**显示图例项标示**选项,在图表的下方显示一张拥有图例的数据表格,如图 4 - 3 - 36 所示。

图 4 - 3 - 36　添加数据表

这样就完成了数据表和图表的结合,最终效果如图 4 - 3 - 37 所示。

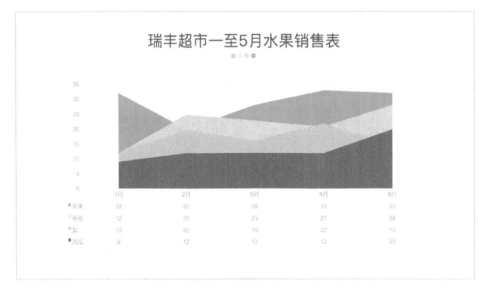

图 4 - 3 - 37　面积图表及其数据表

4.4　制作吸睛的异形图表

老师,我见过一种很奇怪但是非常漂亮的饼图,饼图各个扇区的大小依次增大,请问这种饼图是怎么制作的?

小王,特殊饼图就是我接下来要讲解的异形图表,这些图表并不存在于 PowerPoint 的图表模板中。但是通过对 PowerPoint 的基础图表进行修改,就可以制作出我们想要的异形图表。

4.4.1　创作扇区半径,依次增大的饼图

小王,本小节介绍特殊饼图制作,使饼图各个扇区的半径依次增大。制作的关键点是:复制饼图,以生成和扇区相同数量的饼图;依次递增放大这些饼图;一张饼图只显示一个扇区。居中对齐所有饼图。

❶ **插入饼状图表**:首先单击**插入**标签,显示插入功能面板。单击插入功能面板中的**图表**命令,打开插入图表窗口。在左侧的图表类型列表中,选择**饼图**。单击**确定**按钮,完成图表的插入,如图4-4-1所示。

❷ **输入数据**:当插入图表之后,会自动打开图表数据源编辑窗口。在窗口中输入图表的数据源。完成数据源的编辑之后,单击关闭图标,关闭数据源编辑窗口。

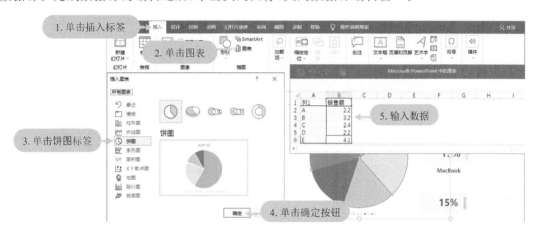

图4-4-1　插入饼状图

❸ **隐藏标题和图例**:单击选择图表中的标题元素,按下键盘上的删除键,删除选择的标题元素。继续选择,并删除图表中的图例。

❹ **调整图表**:缩小图表的尺寸,以适配幻灯片的大小。将图表移到幻灯片的中心位置,如图4-4-2所示。

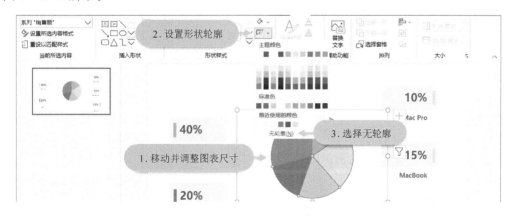

图4-4-2　调整图表

❺ **去除轮廓**：单击任意扇区以选择所有扇区。将轮廓属性设置为无轮廓。

❻ **分离饼图**：单击图表右侧的**图表样式**图标，打开设置数据系列格式窗格。在饼图分离输入框里输入 1％，以增加饼图之间的距离。

现在开始制作扇区半径，依次增大的饼图，原理很简单，就是通过复制的方式得到总共 5 张饼图，将它们依次递增放大 10％，最后再将它们居中对齐即可。

5 张饼图分别对应于饼图中的一个扇区，所以需要将另外四个扇区隐藏起来。

❼ **隐藏扇区**：此时开始将这张饼图中的另外四个扇区隐藏掉，首先选择第二个扇区。将它的填充颜色设置为无填充。继续选择第三个扇区，将它的填充颜色也设置为无填充。使用相同的方式，将其他两个扇区也设置为无填充，如图 4－4－3 所示。

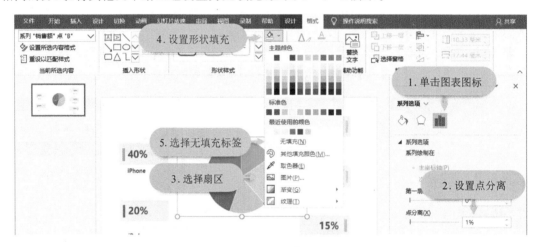

图 4－4－3　隐藏扇区

❽ **复制图表**：使用键盘上的快捷键 **Ctrl＋d**，复制当前的图表，如图 4－4－4 所示。

❾ **放大图表**：选择新图表。单击**尺寸设置**图标，进入尺寸设置面板。选中**锁定纵横比**复选框，使图表的宽高同步变化。然后将图表的尺寸放大为 110％。

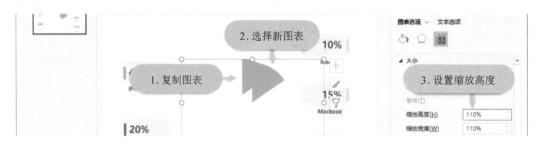

图 4－4－4　复制图表一

由于第二张饼图只用来显示第二个扇区，所以将它的其他四个扇区设置为无填充。

❿ **隐藏扇区**：首先选择第一个扇区。将它的填充颜色设置为无填充。选择第三个扇区，将它的填充颜色也设置为无填充。使用相同的方式，将其他两个扇区也设置为无填充。将第二个扇区的颜色设置为浅绿色，如图 4－4－5 所示。

⓫ **复制图表**：使用键盘上的快捷键 **Ctrl＋d**，复制当前的图表。继续将新图表的尺寸放大为 110％，如图 4－4－6 所示。

由于第三张饼图只用来显示第三个扇区，所以将它的其他四个扇区设置为无填充。

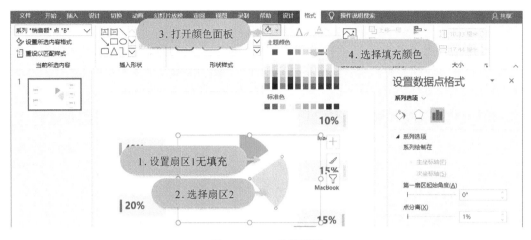

图 4 - 4 - 5　隐藏扇区

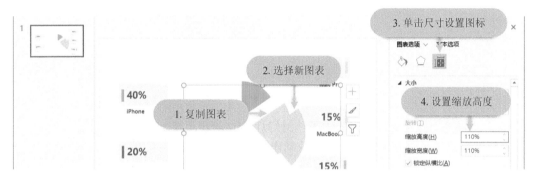

图 4 - 4 - 6　复制图表二

⓬ **隐藏扇区**：首先选择第一个扇区。将它的填充颜色设置为无填充。继续选择第二个扇区，将它的填充颜色也设置为无填充。使用相同的方式，将其他两个扇区也设置为无填充。将第三个扇区的颜色设置为橙色，如图 4 - 4 - 7 所示。

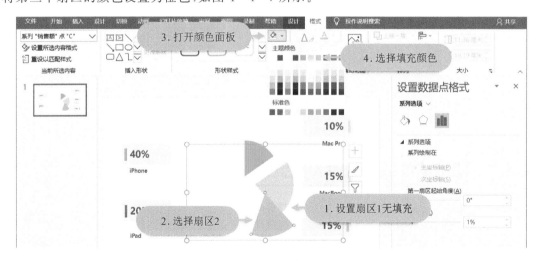

图 4 - 4 - 7　隐藏扇区

　　使用相同的方法,继续复制两个扇区,并分别隐藏它们相应扇区的颜色。这样就创建了五张饼图,每张饼图只显示一个扇区,其他扇区处于无填充的状态。

　　⓭ **对齐五张饼图**:现在来将这五张饼图居中对齐,首先选择这五张饼图。单击**对齐对象**下拉箭头,打开对齐和分布列表。使用**水平居中**命令,使所选图表在水平方向上居中对齐。使用**垂直居中**命令,使所选图表在垂直方向上居中对齐,如图4-4-8所示。

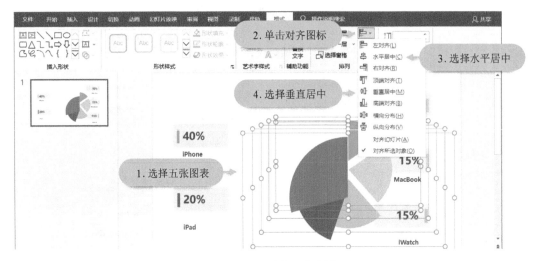

图4-4-8　对齐五张饼图

　　⓮ **移动图表**:将对齐后的五张饼图移到幻灯片的中心位置。

　　这样就完成了风格独特的饼形图表的制作,最终效果如图4-4-9所示。

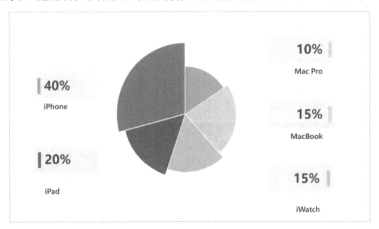

图4-4-9　扇区半径依次增大的饼图

4.4.2　使用子母饼图制作人员组成表

　　当饼图被划分为很多扇形时,会让一些数据无法正常显示,或者无法有效分辨数据,这时可以使用子母饼图来解决类似的问题。

❶ **插入图表**:单击**插入**功能面板中的图表命令,打开插入图表窗口。在左侧的图表类型列表中,选择**饼图**。在饼图的类型列表中,选择**字母饼图**。单击**确定**按钮,完成图表的插入,如图 4 - 4 - 10 所示。

❷ **输入数据**:当插入图表之后,页面会自动打开图表数据源编辑窗口。在窗口中输入图表的数据源。完成数据源的编辑之后,单击关闭图标,关闭数据源编辑窗口。

图 4 - 4 - 10 插入子母饼图

❸ **隐藏标题**:单击图表右侧的**图表元素**图标,打开图表元素列表。取消选中**图表标题**左侧的复选框,可以隐藏图表上的标题,如图 4 - 4 - 11 所示。

图 4 - 4 - 11 隐藏标题

❹ **添加数据标签**:为了显示每个扇形对应的数据,可以使用**添加图表元素**命令。选择**数据标签内**选项,在扇形的内侧显示数据标签,如图 4 - 4 - 12 所示。

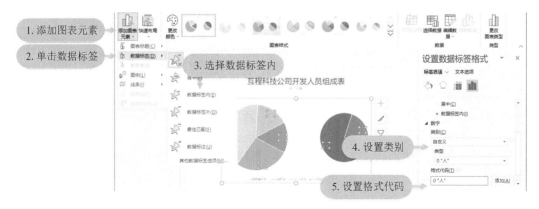

图 4 - 4 - 12 添加数据标签

❺ **设置数据格式**：打开设置数据标签格式窗格。将数字的类别从**常规**修改为**自定义**。然后在格式代码中输入数字和单位,单位需要使用双引号包裹起来。

❻ **设置数字样式**：单击**开始**标签。将文字的颜色设置为白色。单击**增加字号**图标,增加所选文字的尺寸。单击**加粗**图标,使所选文字加粗显示。使用相同的方式,增加图例中的文字的尺寸。这样就完成了子母饼图的制作,如图 4 – 4 – 13 所示。

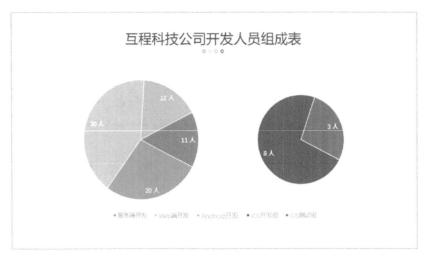

图 4 – 4 – 13   使用子母饼图制作人员表

 如果需要修改右侧饼图的扇区数量,可以打开饼图的**设计数据系列格式**窗格,然后设置**第二绘图区中的值**的数量即可。

4.4.3   创建一份富有创意的多环图表

我们将在本小节创建一份非常富有创意的多环图表,主要用于对多条数据进行比较和分析。

❶ **插入圆环图表**：单击**插入**标签,显示插入功能面板。单击插入功能面板中的**图表**命令,打开插入图表窗口。在左侧的图表类型列表中,选择**饼图**。在饼图的类型列表中,选择**圆环图**。单击**确定**按钮,完成图表的插入,如图 4 – 4 – 14 所示。

❷ **输入数据**：在打开的数据编辑窗口中输入新的数据。完成数据源的编辑之后,单击关闭图标,关闭数据源编辑窗口。

❸ **隐藏标题**：要显示或隐藏图表中的元素,可以单击图表右侧的**图表元素**图标。取消选中**图表标题**左侧的复选框,隐藏图表上的标题。

❹ **增加圆环宽度**：目前的圆环比较纤细,我们来增加圆环的宽度。单击图表右侧的**图表样式**图标,打开设置图表区格式窗格。单击选择图表上的任意序列(圆弧)。设置圆环大小为**41%**,以增加圆环的宽度,如图 4 – 4 – 15 所示。

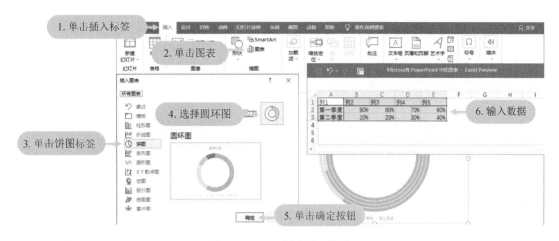

图 4 - 4 - 14　插入圆环图表

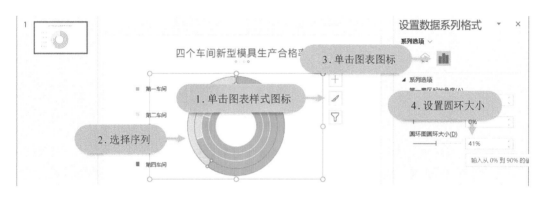

图 4 - 4 - 15　增加圆环宽度

由于我们只想对比四个车间的生产合格率,所以可以将代表不合格的浅绿色的环形隐藏起来。

❺ 隐藏左侧圆弧:首先连续单击两次,以选择需要隐藏的左侧圆弧(单击一次会选择所有圆弧)。然后将它的填充颜色设置为白色。使用相同的方式,将另外三个浅绿色的圆弧也设置为白色,如图 4 - 4 - 16 所示。

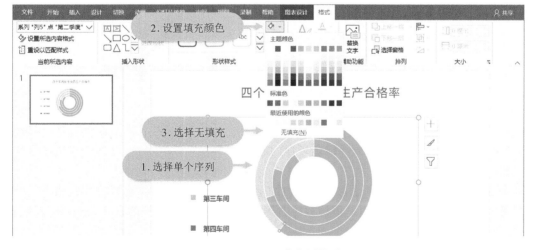

图 4 - 4 - 16　隐藏左侧圆弧

　　接着再来设置处于可见状态的四个环形的填充颜色，使它们的颜色和左侧的图例颜色保持一致。

　　❻ **修改圆弧颜色**：首先选择代表第二个车间的生产合格率的环形。然后将它的颜色设置为浅绿色。选择代表第三个车间的生产合格率的环形。将它的颜色设置为橙色。最后选择里面的环形，并将它的颜色设置为红色，如图4-4-17所示。

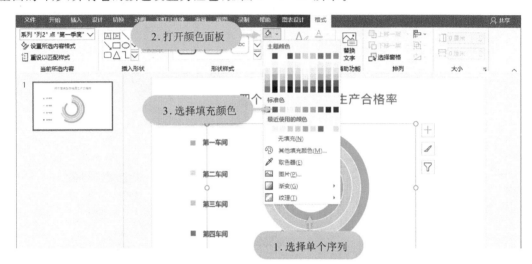

图4-4-17　修改圆弧颜色

　　❼ **显示数据标签**：接着使用添加图表元素命令将数据标签显示出来。

　　由于我们已经隐藏了代表失败率的环形，所以也需要隐藏代表失败率的数字。

　　❽ **删除失败率数字**：选择左侧的包含数据的文本框。此时会同时选择这个系列的两个文本框，继续单击可以单独选择一个文本框。按下键盘上的删除键，删除所选的对象。使用相同的方式，删除其他代表失败率的数字，如图4-4-18所示。

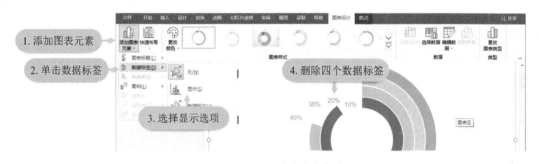

图4-4-18　删除失败率数字

　　❾ **移动数据标签**：接着将代表合格率的数字移到环形的起始位置。首先选择深绿色环形上的数据文本框。将数字移到深绿色环形的起始位置。使用相同的方式，将其他数字移到对应的环形的起始位置。

　　❿ **隐藏引导线**：接着再来去除数字右侧的引导线，打开设置数据标签格式窗格。取消选中**显示引导线**左侧的复选框，以隐藏该数字右侧的引导线。使用相同的方式，隐藏其他的引导线，如图4-4-19所示。

　　这样就完成了极富创意的多环图表的制作，最终效果如图4-4-20所示。

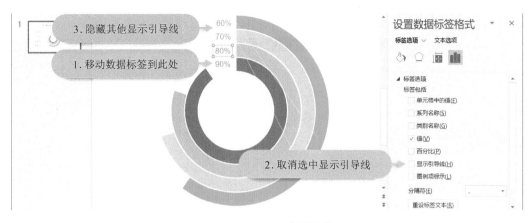

图 4-4-19　隐藏引导线

图 4-4-20　富有创意的多环图表

4.4.4　使用三角柱形图制作水果产量比例图

 我将在本小节制作一份异形柱形图表，柱形图表的柱子将被替换为三角形。替换的方法也很简单，只需要拷贝一个三角形状，然后选择柱形图表上的单个柱形，再按下 Ctrl＋v 即可将柱形替换为三角形。

❶ 插入柱形图表：首先单击插入功能面板中的**图表**命令，打开插入图表窗口。保持默认的柱形图选项，单击**确定**按钮，插入一个柱形图，如图 4-4-21 所示。

❷ 输入数据：在打开的数据编辑窗口中输入新的数据。完成数据源的编辑之后，单击关

闭图标,关闭数据源编辑窗口。

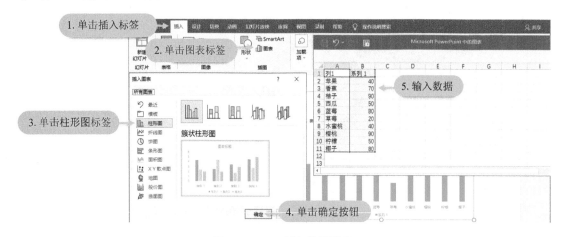

图 4 - 4 - 21　插入柱形图表

❸ **隐藏图表元素**:我们只需要图表中的柱形元素,其他元素都可以删除。单击选择,并删除图表的标题。使用相同的方式,继续选择并删除其他的图表元素,只保留了图表的柱形元素,如图 4 - 4 - 22 所示。

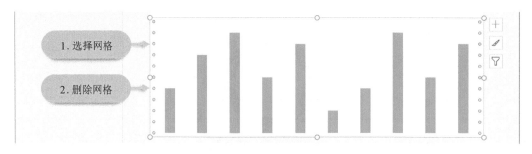

图 4 - 4 - 22　隐藏图表元素

接着来修改柱形的形状,首先要做的是绘制一个目标形状。

❹ **绘制三角形**:在插入形状面板中选择**三角形**工具。在幻灯片空白位置绘制一个三角形,如图 4 - 4 - 23 所示。

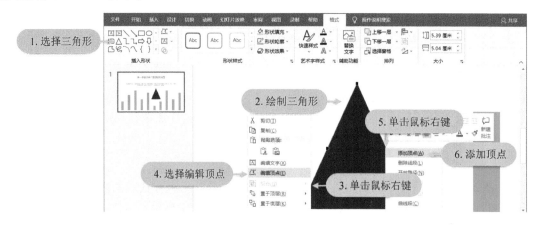

图 4 - 4 - 23　绘制三角形

❺ **对三角形进行变形操作：**接着对三角形进行一些变形操作，首先在三角形上单击鼠标右键，打开右键菜单。选择菜单中的**编辑顶点**命令，进入顶点编辑模式。接着在三角形的两个腰线的中心位置单击一下。选择**添加顶点**命令，在此处单击一个顶点。使用相同的方式在右侧的腰线中间位置也添加一个顶点。

❻ **调整三角形线条：**在新顶点上按下，并向右侧拖动，以调整顶点的位置。通过拖动顶点两侧的方向线，可以使顶点两侧的线条变得更加平滑。使用相同的方式，调整右侧顶点的位置，并使它两侧的线条平滑，如图 4 - 4 - 24 所示。

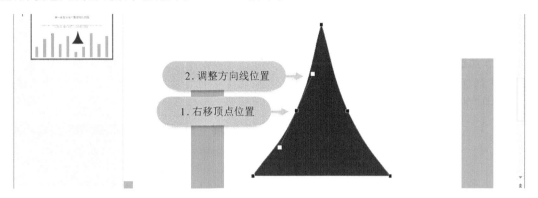

图 4 - 4 - 24 调整三角形

❼ **修改三角形颜色：**单击**格式**标签，显示格式功能面板。将三角形的填充颜色设置为和柱形相同的填充颜色。

这样就完成了三角形的变形操作，现在来将图表中的柱形替换为这个三角形。

❽ **替换柱形：**使用键盘上的快捷键 **Ctrl＋c**，复制三角形。然后单击最左侧的柱形。再继续单击第一个柱形。使用键盘上的快捷键 **Ctrl＋v**，粘贴之前复制的内容，如图 4 - 4 - 25 所示。

这样就使用三角形替换了原来的柱形，同时还保留了柱形原来的高度。

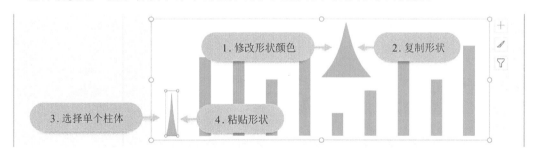

图 4 - 4 - 25 替换柱形

当我们需要制作不同颜色的柱形图时，就需要先设置不同颜色的三角形。

❾ **修改三角形颜色：**将三角形的填充颜色修改为浅绿色。使用键盘上的快捷键 **Ctrl＋c**再次复制三角形。

❿ **替换其他柱形：**在左侧第二个柱形上单击两次，以选择第二个柱形。使用键盘上的快捷键 **Ctrl＋v**，粘贴之前复制的内容。使用相同的方式给三角形更换颜色，然后再把三角形粘贴到其他的柱形，如图 4 - 4 - 26 所示。

⓫ **删除三角形：**当把所有柱形都替换为三角形之后，就可以删除这个三角形了。

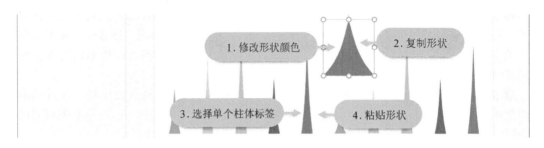

图 4 - 4 - 26　替换其他柱形

接着我们需要在每个三角形的上方添加相应的数据标签。

⓬ **添加数据标签**：首先选择图表。双击图表，以打开设置图表区格式窗格。单击选择图表中的序列标签。缩小柱形的间隙宽度为 0%。使用**添加图表元素**命令，在每个三角形的上方显示相应的数据标签，如图 4 - 4 - 27 所示。

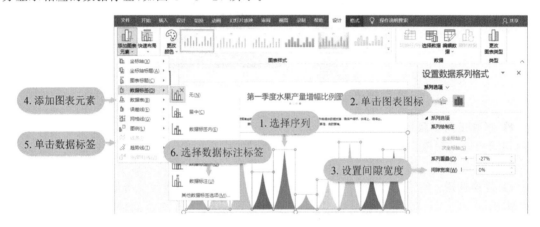

图 4 - 4 - 27　添加数据标签

⓭ **设置数据标签样式**：首先单击并选择所有的数据标签。单击对齐方式左侧的图标，显示对齐方式功能面板。在自定义角度输入框里输入 −30°，使数据标签旋转一定的角度，如图 4 - 4 - 28 所示。

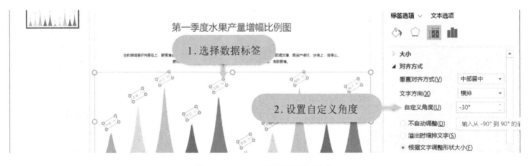

图 4 - 4 - 28　设置标签样式

这样就完成了既美观又奇特的异形图表的制作，最终效果如图 4 - 4 - 29 所示。

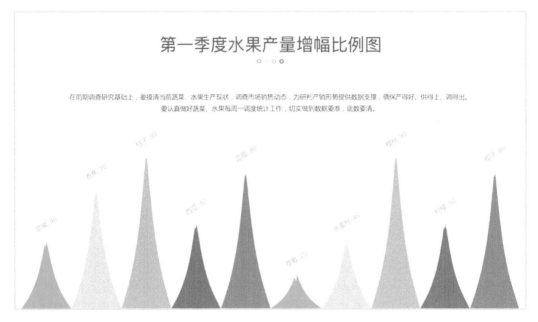

图 4 - 4 - 29   使用三角柱形图制作比例图

4.4.5   使用数量图制作模具合格率图表

小王,这次我们不再使用 PowerPoint 提供的图表,而是使用表格来制作图表,借用表格中的背景颜色来体现数据的变化。

哇,听起来很酷。具有自定义颜色的单元格和默认单元格的颜色对比,的确是可以体现数据变化的。

❶ 插入表格:首先单击插入标签,显示插入功能面板。单击表格下方的下拉箭头,打开插入表格功能面板。然后通过插入表格命令,插入一个 10 行 10 列的表格,这样就可以得到 100 个单元格,如图 4 - 4 - 30 所示。

❷ 调整表格尺寸:首先缩小表格的宽度。继续缩小表格高度,使表格的高度和宽度基本相等。然后将表格移到第一车间文字的下方。

❸ 设置表格背景颜色:单击设计标签,显示设计功能面板。将所有单元格的背景颜色设置为浅灰色。

我们发现第一行单元格的底边框的线条,与其他单元格的线条粗细不同,现在对表格的所有框线进行统一设置。

❹ 设置边框样式:首先设置表格画笔的颜色为白色。保持默认 1.0 磅的画笔宽度,然后

201

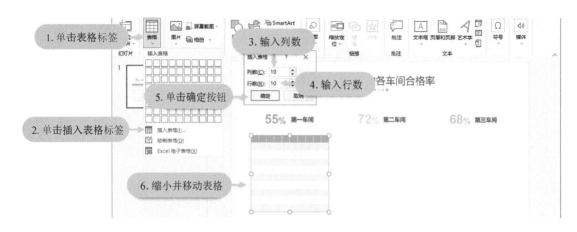

图 4 - 4 - 30 插入表格

使用设置好的画笔,描绘表格的所有框线,如图 4 - 4 - 31 所示。

❺ **复制表格:**接着以复制的方式创建右侧的两张表格。首先按下键盘上的 **Ctrl** 键。在按下该键的同时,向右侧拖动表格以复制该对象。使用相同的方式,得到第三张表格,如图 4 - 4 - 31 所示。

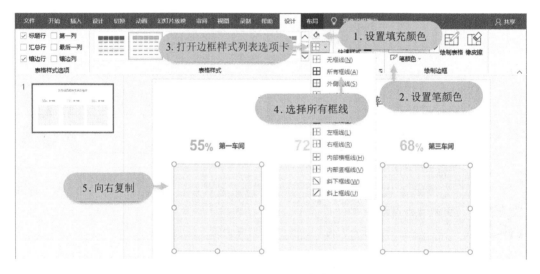

图 4 - 4 - 31 复制表格

❻ **制作第一车间图表:**首先选择第一张表格下方的 50 个单元格。将所选单元格的颜色设置为绿色。接着选择上方的 5 个单元格,并将它们的颜色也设置为绿色。在 100 个灰色单元格中,将其中的 55 个单元格修改为橙色,表示合格率为 55%。

接着以相同的方式,根据第二车间和第三车间的合格率,在右侧的两个表格中填充相应数量的单元格,如图 4 - 4 - 32 所示。

这一小节您通过表格制作了三张面积图表,通过彩色面积占表格的总面积的比例,形象表达了三个车间不同的合格率,如图 4 - 4 - 33 所示。

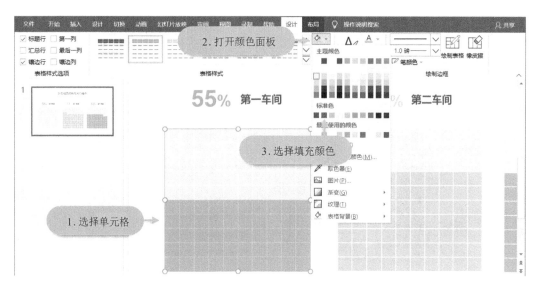

图 4 - 4 - 32　制作第一车间图表

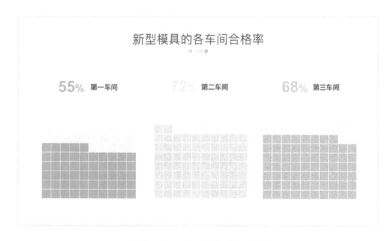

图 4 - 4 - 33　模具合格图表

4.4.6　使用图标平铺填充图表中的条形

老师，有些柱形图表或条形图表的柱形或条形不是单色的，而是通过图案平铺成而的，这种效果是如何制作的呢？

哦，这种效果实现起来很简单，主要有两个步骤：步骤一是复制某个图标然后填充柱形或条形。步骤二是设置该柱形或条形的填充方式为层叠。

❶ **插入图表**：单击插入功能面板中的**图表**命令，打开插入图表窗口。在左侧的图表类型列表中，选择**条形图**。单击**确定**按钮，完成图表的插入，如图 4-4-34 所示。

❷ **输入数据**：在打开的数据编辑窗口，输入新的数据。完成数据源的编辑之后，单击**关闭**图标，关闭数据源编辑窗口。

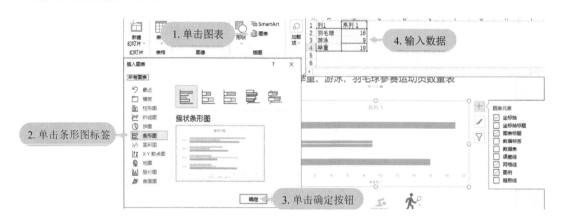

图 4-4-34　插入条形图表

❸ **隐藏标题和图例**：单击图表右侧的**图表元素**图标，以显示图表元素列表。取消选中**图表标题**左侧的复选框，隐藏图表上的标题。取消选中**图例**左侧的复选框，隐藏图表上的图例。选择并删除图表的垂直坐标轴。继续选择并删除图表的水平坐标轴和网格线，如图 4-4-35 所示。

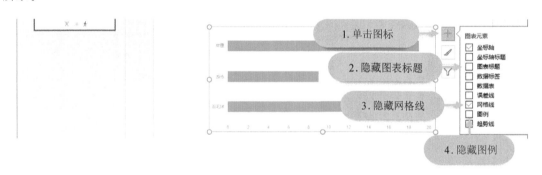

图 4-4-35　隐藏标题图例

这样就可以使用下方的图标来填充这三个条形了。

❹ **填充柱形**：首先选择代表举重的图标。使用键盘上的快捷键 **Ctrl＋c**，复制所选的内容。然后单击图表中的最上方的条形。继续单击最上方的条形，以单独选择这一个条形。使用键盘上的快捷键 **Ctrl＋v**，粘贴之前复制的内容举重图标，这样就可以使用该图标来填充这个条形，如图 4-4-36 所示。

在默认情况下，图标会撑满整个条形区域，现在来调整图标的填充方式。

❺ **设置填充类型**：单击图表右侧的**图表样式**图标，打开数据系列格式窗格。单击左侧的填充图标，显示填充功能面板。然后选中**图片或纹理填充**单元格。

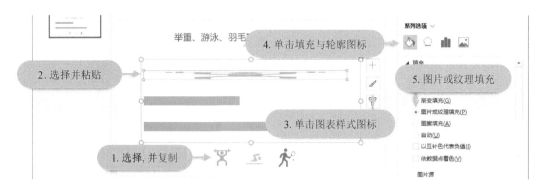

图 4 - 4 - 36　填充柱形

❻ 设置填充方式：选中**层叠**左侧的单选框，设置图标的填充方式为**层叠**，如图 4 - 4 - 37 所示。

图 4 - 4 - 37　设置填充方式

❼ 调整间隙宽度：接着来调整条形之间的间隙宽度，将间隙宽度调整为 **134**%，通过调整间隙宽度，可以间接调整条形中的举重图标的数量，使举重图标的数量刚好为 **19** 个，如图 4 - 4 - 38 所示。

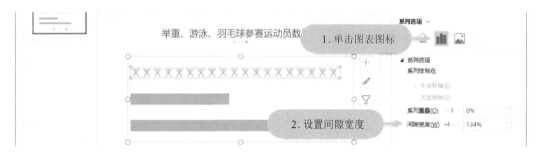

图 4 - 4 - 38　调整间隙宽度

❽ 粘贴其他图标：使用相同的方式，将代表游泳和羽毛球运动的两个图标依次填充到第二个和第三个条形中。使用图标对图表中的形状进行填充，可以更加直观体现图表的意图。这种方式不仅适用于条形图，同样也适用于其他类型的图表，如图 4 - 4 - 39 所示。

图 4 - 4 - 39　粘贴其他图标

4.4.7　使用人形图片制作博士占比图表

我们在第三章制作了不少用形状装饰图片的 PPT。现在我们来使用图片装饰图表创作一份极富创意的人体图表。

❶ **插入柱形图表**：首先单击插入功能面板中的**图表**命令，打开插入图表窗口。保持默认的柱形图选项，单击**确定**按钮，插入一个柱形图，如图 4 - 4 - 40 所示。

图 4 - 4 - 40　插入柱形图表

❷ **输入数据**：在打开的数据编辑窗口中输入新的数据。完成数据源的编辑之后，单击关闭图标，关闭数据源编辑窗口。

❸ **隐藏图表元素**：单击图表右侧的**图表元素**图标，以显示图表元素列表。取消选中**图表标题**左侧的复选框，隐藏图表上的标题。取消选中**图例**左侧的复选框，隐藏图表上的图例。最后删除图表中的网格线，如图 4 - 4 - 41 所示。

❹ **调整图表**：首先缩小图表的宽度。接着将图表移到幻灯片的中心位置。

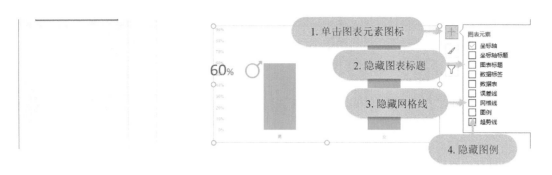

图 4 - 4 - 41　隐藏图表元素

❺ **设置第二个柱形颜色**：首先单击图表中的第二个柱形。再次单击第二个柱形，可以单独选择这个柱形。单击**格式**标签，显示格式功能面板。将右侧柱形的填充颜色修改为红色，如图 4 - 4 - 42 所示。

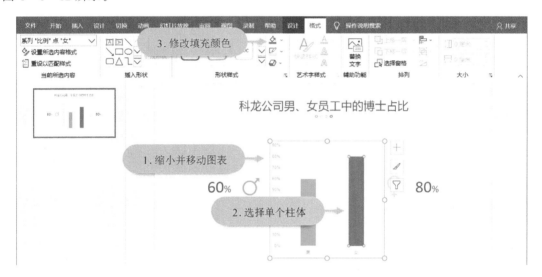

图 4 - 4 - 42　设置柱形颜色

❻ **插入图片**：接着您将在图表的上方，插入两张图片。单击**插入**标签，显示插入功能面板。单击**图片**命令，打开图片来源列表。选择**此设备**命令，往幻灯片中插入两张图片。

这两张图片的中心位置是透明的人体形状，而周围都是白色区域。为了方便图片的移动，现在临时对图片进行着色。

❼ **修改图片颜色**：单击**格式**标签，打开格式功能面板。单击**颜色**命令，打开着色面板。选择**黄色着色**样式，将图片临时修改为黄色，如图 4 - 4 - 43 所示。（注意：等完成图表的制作之后，还需要恢复图片的颜色。）

❽ **移动图片**：将男性人体形状的图片，移到绿色柱形的上方，并与柱形保持居中对齐。将女性人体图片移到红色柱形的上方，并和柱形居中对齐。

❾ **调整图表高度**：调整图表的高度，使红色柱形的高度，大概是女性人体高度的 80%，以符合女员工博士的占比。

❿ **增加柱形宽度**：然后来增加柱形的宽度，以与人体形状的宽度保持一致。将图表选项

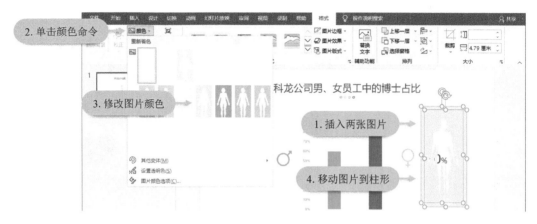

图 4 - 4 - 43　修改图片颜色

切换为系列选项。单击右侧的**图表**图标,显示图表选项设置面板。将间隙的宽度缩小为10％,以增加柱形的宽度。这样柱形就可以充满图片上的人形透明区域了,如图 4 - 4 - 44 所示。

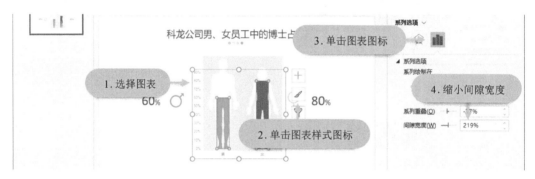

图 4 - 4 - 44　增加柱形宽度

⑪ 绘制灰色矩形:为了使图表更加清晰,在图表背后放置浅灰色的矩形。选择**矩形**工具,绘制一个与图片相似大小的矩形。设置矩形的填充颜色为浅灰色。然后将矩形移到其他元素的下方。使用相同的方式,在右侧图片的背后也放置一个灰色矩形,如图 4 - 4 - 45 所示。

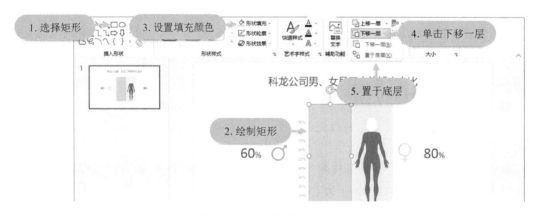

图 4 - 4 - 45　绘制灰色矩形

这样就完成了图表的设计,现在要做的就是去除图片的着色效果。

⑫ **恢复图片颜色：**同时选择男士和女士图片。单击**颜色**下拉箭头，再次打开着色样式面板。选择着色样式面板中的第一个样式，即可去除图片的着色效果，如图 4 - 4 - 46 所示。

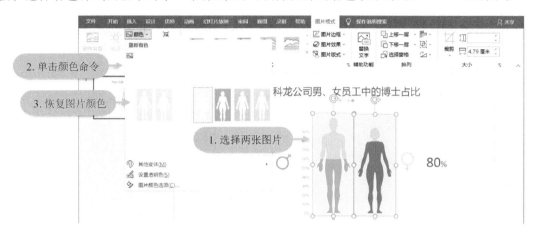

图 4 - 4 - 46　恢复图片颜色

这样就完成了富有视觉冲击力的人形图表的制作，您可以发挥想象力，在此基础上创作其他形状的类似图表，如图 4 - 4 - 47 所示。

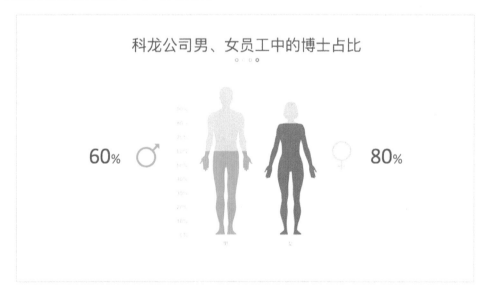

图 4 - 4 - 47　使用人形图表制作占比图

4.4.8　使用图片来制作一份富有创意的饼图

对于最后一个异形图表的实例，我们既不使用 PowerPoint 的图表，也不使用 PowerPoint 的表格，而是完全通过图片颜色的对比来制作一份富有创意的饼图。

❶ **插入图片**：往幻灯片中插入一张用来制作图表的橙子图片，如图4-4-48所示。

❷ **调整图片**：缩小图片的尺寸。将图片移到幻灯片的左侧。

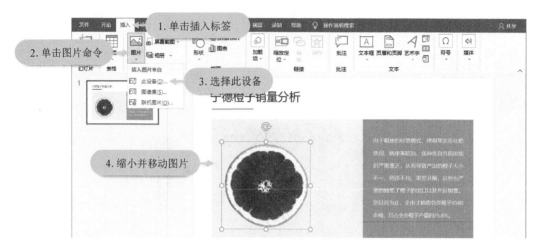

图4-4-48　插入图片素材

❸ **绘制形状**：打开**开始**标签，单击**形状**命令，选择**任意形状工具**，在此处单击，作为形状的起点。在图片的上方绘制一个四边形，如图4-4-49所示。

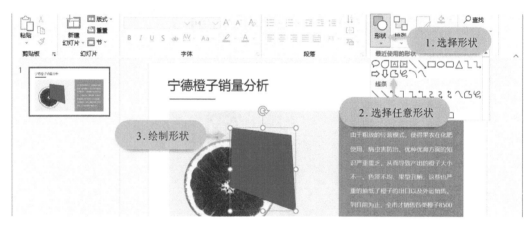

图4-4-49　绘制形状

❹ **拆分图片**：接着对图片进行拆分，以将圆形橙子图片分为两个扇区。首先同时选择两个对象。单击**形状格式**标签，显示形状格式功能面板。单击**合并形状**命令，打开形状合并功能列表。选择列表中的**拆分**命令，使用形状对图片进行拆分，如图4-4-50所示。

❺ **修改图片颜色**：选择拆分后的图片的左侧一部分。然后修改这部分图片的颜色。在**颜色饱和度**样式列表中选择最左侧的样式，将图片转换为灰度模式，如图4-4-51所示。

❻ **移动图片**：将右侧图片向右上方移动一段距离，使两个扇形区域保持适当的距离。

❼ **制作引导线**：现在来绘制图表的引导线。单击**插入**标签，显示插入功能面板。单击**形状**命令，打开形状面板。从形状面板中选择**任意形状**工具。在图片的右上角绘制一条引导线，如图4-4-52所示。

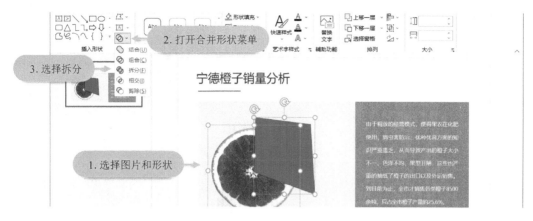

图 4 - 4 - 50 拆分图片

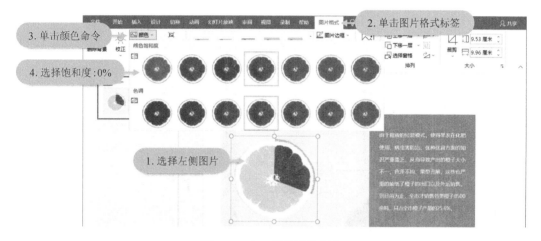

图 4 - 4 - 51 修改图片颜色

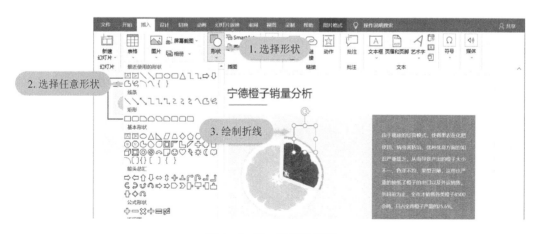

图 4 - 4 - 52 制作引导线

❽ **制作数据标签:** 接着来绘制一个文本框,作为图表的数据标签。在插入形状面板中选择**文本框**工具,在引导线右侧绘制一个文本框。在光标位置输入文字内容。

❾ 设置数据标签样式：选择第二行的文字内容。将它的字号设置为 32 号，以突出显示所选的文字。单击**加粗**图标，使所选文字加粗显示，如图 4 - 4 - 53 所示。

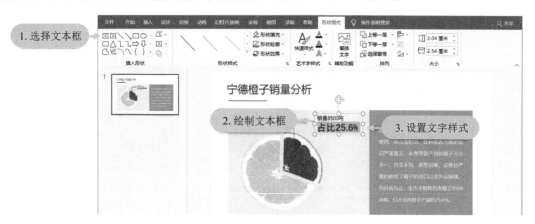

图 4 - 4 - 53　设置数据标签样式

这样就完成了极具创意的饼图的制作，最终效果如图 4 - 4 - 54 所示。

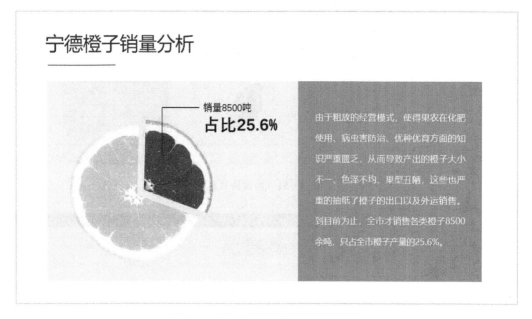

图 4 - 4 - 54　使用图片制作创意饼图

动画：精美动画不用愁

第 5 章

您将在本章收获以下知识：

1. 使用动画给幻灯片增加活力
2. 添加飞入和切入动画并进行动画顺序的调整
3. 对同一个对象添加多个动画效果
4. 给幻灯片中的元素添加交互效果
5. 让对象沿着绘制的路径移动
6. 给对象添加进入、强调和退场动画
7. 幻灯片精美动画案例
8. 幻灯片中的音频和视频

……

5.1　使用动画给幻灯片增加活力

老师,我做的 PPT 相比以前有了质的飞跃! 可现在做的 PPT 都是静态的,如果能加一些动画特效就更棒了。

没错,如果打算向观众展示演示文稿,可以加入 PowerPoint 动画,动画会给观众留下非常深刻的印象。动画是活跃 PPT 的有效工具,高质量的动画,可以获得更好的用户体验。

那么什么是 PPT 动画呢,能给 PPT 中的哪些对象添加动画效果呢?

动画是指 PPT 上元素的位移、颜色或形状变化等动态效果。你可以为幻灯片上的任何对象设置动画,包括文本框、图片和形状。

小王,我们不能给幻灯片背景或幻灯片母版中的对象设置动画效果,除非作为幻灯片之间切换的一部分。至于切换效果的设计,不用着急,我们将在本章后面的课程中介绍。

由图 5-1-1 可知,动画选项卡是由四个命令组共同组成的:

图 5-1-1　动画选项卡

● **预览**:单击它可以预览当前对象的动画效果。
● **动画**:此命令组允许您为对象选择预定义的动画效果。
● **高级动画**:此命令组中的控件可让您以高级方式自定义动画。
● **计时**:此命令组可设置动画的开始方式和持续、延迟时间。
我们可以为幻灯片对象创建四种基本类型的动画效果,如图 5-1-2 所示:
● **进入**:是指物体进入幻灯片的方式。我们可以使用 52 种不同的进入动画方式来让对象进入幻灯片,例如出现、百叶窗、淡入淡出、下降、回旋镖、弹跳等。

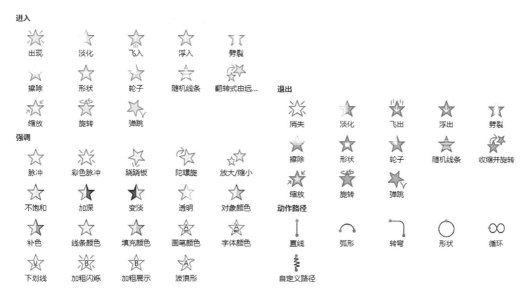

图 5 - 1 - 2　动画选项卡

● **强调**：这种效果可以让观众将注意力吸引到对象上。PowerPoint 可提供 31 种不同的强调效果，包括更改填充颜色、更改字体大小、增大/缩小、旋转等。

● **退出**：是指对象离开幻灯片的方式。我们可以应用 52 种不同的退出方式，这与进入效果类似，包括消失、百叶窗、窥视、缓出、螺旋形等。

● **动作路径**：运动路径可让对象沿着 PowerPoint 提供的 64 种预定义的路径向上移动，我们可以绘制自定义路径，使对象沿着自定义的路径移动。

5.1.1　添加飞入和切入动画并进行动画顺序的调整

小王，制作 PPT 动画是很简单、便捷的。今天我们先来介绍常见的入场动画。本小节示例文档是一份教学总结，需要给幻灯片中的标题和形状添加名为飞入和切入的动画效果，并调整动画的播放顺序，如图 5 - 1 - 3 所示。

❶ **给三角形添加动画**：首先打开**动画**功能面板。然后选择需要添加动画效果的三角形。在动画类型列表中，给所选对象选择名为**飞入**的动画效果。该动画效果可以使对象从指定的方向飞入到屏幕中，如图 5 - 1 - 3 所示。

❷ **复制动画**：如果需要给多个对象添加相同的动画效果，可以借助**高级动画**命令组中的**动画刷**工具。与格式刷工具类似，双击**动画刷**工具，可以连续使用该工具。然后单击其他三角形，即可给它们应用相同的动画效果。

图 5 - 1 - 3　给三角形添加飞入动画

如果要将动画应用于多个对象，可以双击动画刷工具，然后再单击其他的对象。
当结束动画的复制时，可以再次单击动画刷工具，或者按下键盘上的 Esc 键。

❸ **给标题添加动画**：接着选择并给标题文字设置动画效果。单击**动画**下拉箭头，查看更多的动画效果。在**进入**类型的动画列表中选择**擦除**效果。使用相同的方式，给副标题也添加**擦除**动画效果，如图 5 - 1 - 4 所示。

图 5 - 1 - 4　给标题添加擦除动画

● 您可以使用键盘快捷键 **Alt＋a** 访问**动画**选项卡。
● 然后使用键盘快捷键 **Ctrl＋alt＋a** 打开动画库。
在动画库中，入口效果、强调效果、退出效果和动作路径具有不同的颜色。

❹ **设置动画开始方式**：为了方便动画的设置,可以打开动画窗格。动画窗格显示了具有动画效果的所有对象的名称,接着修改第二个三角形的动画开始方式,单击动画名称右侧的下拉箭头,打开动画功能菜单。选择**从上一项之后开始**选项,这样当上个动画结束之后,就会立即播放这个动画。将其他几个对象的动画开始方式,也修改为从上一项之后开始,如图 5 - 1 - 5 所示。

图 5 - 1 - 5　设置动画开始方式

动画开始方式的设置有三个选项：

● **单击时开始**：单击鼠标或按 Enter 时启动动画效果。

● **从上一个开始**：新的动画和上一个动画同时开始。使用此选项可为两个或多个对象设置同时播放的动画效果。

● **在上一个之后开始**：在上一个动画效果完成后立即开始新的动画。

❺ **再次放映幻灯片**：这样就完成了动画开始方式的设置,单击 PowerPoint 底部的**幻灯片放映**图标 ☐,观察幻灯片的放映效果,如图 5 - 1 - 6 所示。

图 5 - 1 - 6　放映幻灯片

动画窗格是一个功能窗格,显示了所有已添加到幻灯片中的动画。您不仅可以在此调整动画的播放顺序,还可以设置动画的效果和计时。

5.1.2　如何对同一个对象添加多个动画效果

你可以给 PPT 中的对象添加多个动画，例如一个 PPT 对象以入场动画的方式进入幻灯片的版面，然后再来一个动画 show 一下自己。就像一位主持人走上舞台中央之后，再向观众挥手致意一样。

本小节演示如何对同一个对象添加多个动画效果。

❶ **添加缩放动画**：首先选择需要添加动画效果的形状。单击**动画**标签，显示动画功能面板。单击**动画**下拉箭头，查看更多的动画效果。在进入类型的动画列表中，选择**缩放**效果，如图 5 - 1 - 7 所示。

❷ **设置动画开始方式**：单击**动画窗格**命令，打开动画窗格。单击右侧的下拉箭头，打开动画功能菜单。选择菜单中的**从上一项之后**开始选项，当上一个动画结束之后，就会立即播放这个动画。

❸ **复制动画**：接着以复制的方式，给其他对象添加动画效果。双击**动画刷**工具，以连续使用该工具。然后在其他对象上单击，即可给它们应用相同的动画效果。

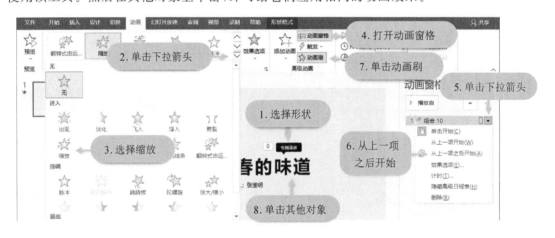

图 5 - 1 - 7　添加缩放动画

❹ **添加旋转动画**：接着选择标题右上角的形状，给该对象添加更多的动画效果。单击**添加动画**下拉箭头，打开动画效果列表。在进入类型的动画列表中选择**旋转**效果，如图 5 - 1 - 8 所示。

从右侧的动画窗格中可以看出，当前选择的形状已经拥有了两个动画效果。现在来调整动画的播放方式。

❺ **设置动画开始方式**：单击对象名称右侧的下拉箭头，打开动画开始方式菜单。选择菜单中的**从上一项之后**开始选项，当上个动画结束之后，立即播放这个动画。

❻ **放映幻灯片**：单击 PowerPoint 底部的**幻灯片放映图标**，观察幻灯片的放映，如图 5 - 1 - 9 所示。

图 5-1-8　添加旋转动画

图 5-1-9　多个动画效果

 在正确的时间出现在正确的地方的动画可以起到事半功倍的作用。它可以突出演示文稿的重要部分并吸引观众的注意力。过多的动画会将演示文稿变成狂欢节上的杂耍,分散观众对关键信息的注意力。

5.1.3　如何给幻灯片中的元素添加交互效果

 老师,我希望在 PPT 刚开始制作时,PPT 中的一些内容是隐藏的,然后当我点击 PPT 上的一个按钮或其他对象时,再以动画的方式显示接下来要讲的内容,请问这样的动画效果该如何实现?

这个实现起来也很简单,只需要给按钮或其他对象添加单击触发就可以了,这样当点击了幻灯片中的这个按钮之后,才会播放指定的动画效果。

❶添加动画:选择需要添加动画效果的图像,单击**动画**下拉箭头,查看更多的动画效果。

单击底部的**更多进入效果**命令,打开更多进入效果窗口。选择**阶梯状**动画效果。单击**确定**按钮,完成动画效果的选择,如图5-1-10所示。

❷ **复制动画**:双击**高级动画**命令组中的**动画刷**工具,以连续使用该工具。然后在其他对象上单击,即可给它们应用相同的动画效果。当不需要使用动画刷工具时,再次单击动画刷命令,取消动画刷的活动状态。

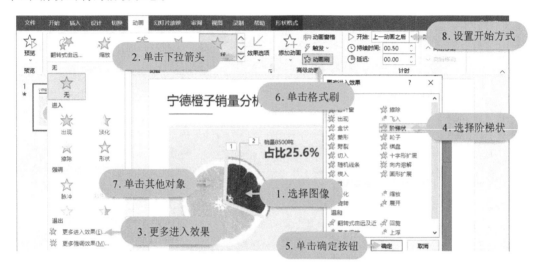

图5-1-10 给图像添加阶梯状动画

❸ **设置开始方式**:在**计时**命令组中,设置动画的开始方式为**从上一项之后**开始选项,当上一个动画结束之后,就会立即播放这个动画。使用相同的方式,设置左侧图片的动画开始方式。

❹ **给引导线添加触发**:接着选择图片上方的引导线对象,以设置它的动画开始方式。单击**触发**下拉箭头,打开触发方式列表。单击**通过单击**命令,显示幻灯片中的对象列表。然后选择 **OringeRight** 对象,也就是右侧的橙子图片,当用户单击该图片时,即开始播放引导线对象的动画效果,如图5-1-11所示。

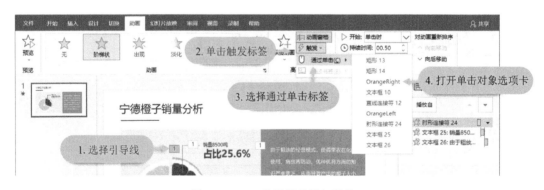

图5-1-11 给引导线添加触发

接着将另外两个文本框的动画效果移到引导线动画效果的下方。这样当用户单击橙子图片时,就会播放引导线动画,之后再播放两个文本框对应的动画。

❺ **调整动画顺序**:将描述文字所在文本框的动画效果移到肘形连接符动画效果的下方。

将数据标签文本框的动画效果移到肘形连接符动画的下方,如图 5-1-12 所示。

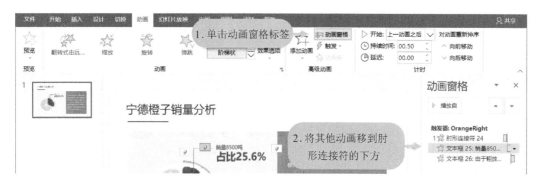

图 5-1-12   调整动画顺序

❻ **放映幻灯片**:这样就完成了动画开始方式的设置,单击 PowerPoint 底部的**幻灯片放映图标**,观察幻灯片的放映效果。当幻灯片放映之后,单击右侧的橙子图片,开始播放动画效果,如图 5-1-13 所示。

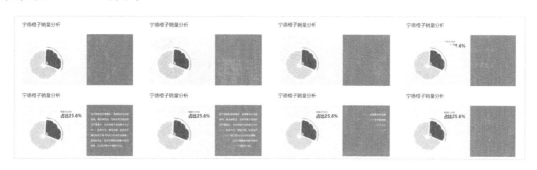

图 5-1-13   触发动画效果

5.1.4   如何使用和文字有关的动画效果

幻灯片少不了使用文字材料,如何让文字以动画的方式展示给观众是一个重要的话题。我们将在本小节学习和文字有关的动画效果。

❶ **给标题文本框添加动画**:选择示例幻灯片中的标题文本框。首先单击**动画**标签,显示动画功能面板。然后给所选对象添加名为**弹跳**的动画效果,如图 5-1-14 所示。

❷ **设置动画效果**:单击动画设置图标,打开弹跳设置窗口。单击**设置文本动画**下拉箭头。选择列表中的**按字母顺序**选项,以给每个字母添加弹跳的动画效果,如图 5-1-15 所示。

❸ **给形状添加动画**:接着选择标题文字右上角的对象。给该对象添加名为**淡化**的动画效果,如图 5-1-16 所示。

❹ **给汇报人文本框添加动画**:继续选择位于下方的汇报人文本框。给该对象也添加名为**淡化**的动画效果。

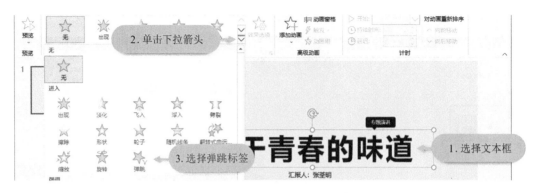

图 5 - 1 - 14　给标题文本框添加弹跳动画

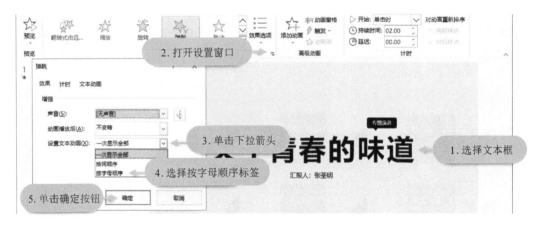

图 5 - 1 - 15　设置动画效果

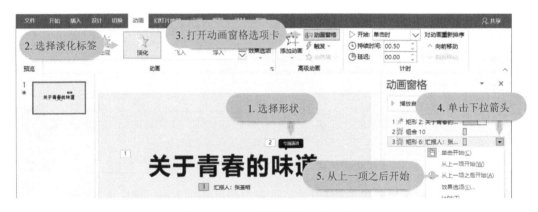

图 5 - 1 - 16　给形状添加淡化动画

❺ **设置动画开始方式**：单击**动画窗格**命令。单击右侧的下拉箭头，打开动画功能菜单。选择**从上一项开始**选项，当上一个动画开始播放时，就会立即播放汇报人文本框的动画。给右上角的形状也设置相同的动画开始方式，如图 5 - 1 - 17 所示。

❻ **放映幻灯片**：单击 PowerPoint 底部的**幻灯片放映图标**，观察幻灯片的放映。

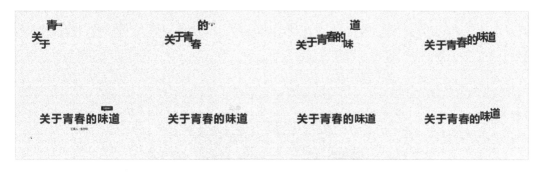

图 5 - 1 - 17   文字动画效果

动画文本最常见的一个应用场景,是在放映时一次一个段落地吸引注意力。大家可以点击**动画**命令组中的**效果选项**命令,然后在打开的选项列表中选择**段落**,以便单击一次只展示一个段落标签。

5.1.5   如何让对象沿着绘制的路径移动

老师,这些动画都是沿着固定路线移动的,我想让一些对象沿着指定的路线移动到幻灯片某个位置可以吗?

完全没问题,PowerPoint 提供了动作路径功能,你可以让指定的对象沿着 PowerPoint 预定义或者自定义的路径移动。

❶ **添加路径动画**:首先选择需要添加动画效果的团队照片。单击**动画**下拉箭头,查看更多的动画效果。在动作路径列表中,选择**直线**路径,如图 5 - 1 - 18 所示。

图 5 - 1 - 18   添加路径动画

❷ **设置路径动画**：我们来修改路径的起点,向左侧拖动动画路径上的**绿色**小圆点,将动画路径的起点移到幻灯片的左侧。向上拖动动画路径上的**红色**小圆点,将动画路径的终点移到版面的中心位置,如图 5 - 1 - 19 所示。

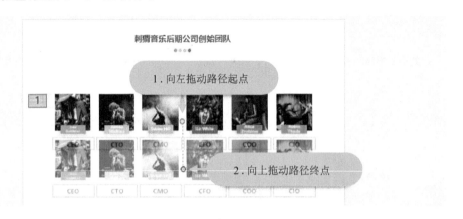

图 5 - 1 - 19　设置路径动画

❸ **设置动画效果**：单击动画设置图标,打开动画设置窗口。将**平滑开始**的时间设置为 0 s。将**平滑结束**的时间也设置为 0 s,这样可以取消动画的缓冲效果。将**弹跳结束**的时间设置为 1.5 s,这样动画在快要结束时,会出现来回弹跳的动画效果,如图 5 - 1 - 20 所示。

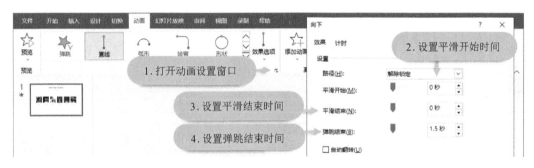

图 5 - 1 - 20　设置动画效果

❹ **设置动画时长**：单击**计时**标签,切换到计时功能面板。单击**期间**下拉箭头,显示动画时长列表。选择列表中的**慢速**选项,将动画时长设置为 3 s,如图 5 - 1 - 21 所示。

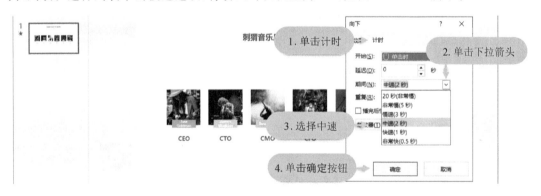

图 5 - 1 - 21　设置动画时长

❺ **放映幻灯片**：单击 PowerPoint 底部的**幻灯片放映图标**⬚,观察幻灯片的放映,如图 5－1－22 所示。

图 5－1－22　沿路径移动

如果路径从幻灯片之外开始,在幻灯片之内结束,则路径效果类似于进入效果。
如果路径开始于幻灯片之内但结束于幻灯片之外,则路径效果类似于退出效果。
如果路径在幻灯片之内开始和结束,则类似于强调效果。

5.1.6　如何给幻灯片中的折线图表添加动画效果

老师,以上动画效果都是应用在单一的对象上,如果是复杂的对象,比如图表(图表往往包含标题、图例、坐标轴等多种元素),我也能给它们应用动画效果吗?

可以给图表应用动画效果的,小王。而且不仅可以给图表整体添加动画效果,还可以让图表按照类别或者序列播放动画效果,是不是很棒啊!现在我们先给折线图表添加一下动画效果。

❶ **给图表添加动画**：选择示例文档中的折线图表。首先单击**动画**标签,显示动画功能面板。然后给所选对象添加名为**擦除**的动画效果,如图 5－1－23 所示。

❷ **放映幻灯片**：单击幻灯片编号下方的星星图标★,预览幻灯片的动画效果。

从图 5－1－23 所示的动画效果可以看出,图表是以整个对象进行播放动画的。如果需要给图表中的元素添加动画效果,可以修改动画的效果选项。

❸ **修改动画效果**：单击**效果选项**命令,显示效果选项列表。选择列表中的**自左侧**选项,使擦除动画由左而右播放。选择序列列表中的**按系列**选项,使图表的擦除动画按照折线图表的序列依次播放,如图 5－1－24 所示。

❹ **放映幻灯片**：单击幻灯片编号下方的星星图标 ★,可以查看修改动画效果之后的动画播放情况,如图 5－1－25 所示。

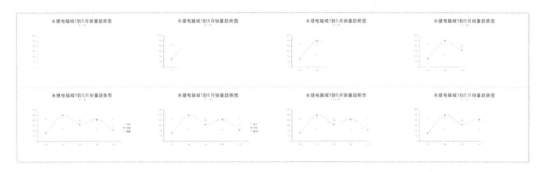

图 5 - 1 - 23　图表擦除动画

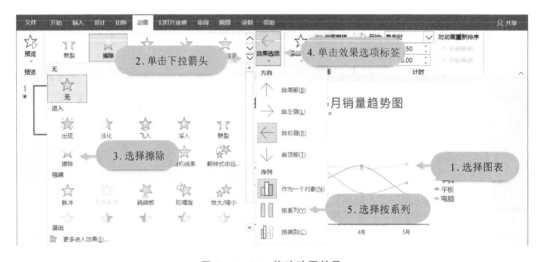

图 5 - 1 - 24　修改动画效果

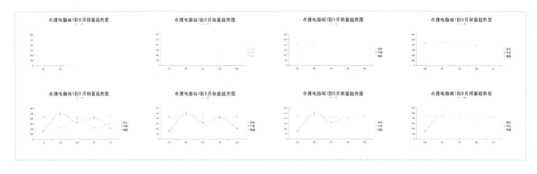

图 5 - 1 - 25　图表按序列的擦除动画

5.1.7　如何给对象添加进入、强调和退场动画

舞者往往是以优美的舞姿走上舞台,在完成一段美妙的舞蹈之后,又以优雅的姿态离开舞台。我想 PPT 中的对象是不是也能够以这种样式进入舞台,展示自己,然后再优雅地告别观众呢?

你的比喻很形象,小王! PowerPoint 为 PPT 对象提供了入场、强调和退出三种类型的动画,这样可以将对象带到屏幕上,引起人们的注意,然后再让它离开屏幕。

❶ **给上方文本框设置动画**:首先选择位于示例幻灯片最上方的文本框,给所选对象添加名为**淡化**的动画效果,如图 5 - 1 - 26 所示。

❷ **给标题文本框设置动画**:标题文字是由黑色和白色两组内容相同的文字交错叠加组成的,首先选择位于底部的黑色文字,然后给它添加**淡化**动画效果。接着选择位于上方的白色文字,给白色文字也添加**淡化**动画效果。

图 5 - 1 - 26 给上方文本框设置动画

❸ **添加强调动画**:继续给白色标题添加名为**弹跳**的动画,作为标题的强调动画效果,以突出幻灯片的标题内容,如图 5 - 1 - 27 所示。

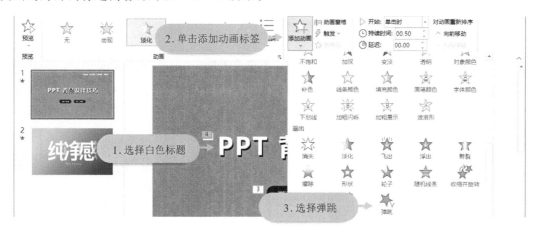

图 5 - 1 - 27 添加强调动画

这样就给白色标题文字同时添加了两个动画效果。现在来调整动画的开始方式。

❹ **设置动画开始方式**:单击**动画窗格**命令。选择黑色标题文字。单击右侧的下拉箭头,打开动画功能菜单。选择**从上一项之后**开始选项。使用相同的方式将其他几个动画的开始方

式,都修改为**从上一项之后**开始,使这些动画可以依次播放,如图 5 - 1 - 28 所示。

图 5 - 1 - 28 设置动画开始方式

现在来给这些动画添加退场效果,让幻灯片中的对象也能以优雅的方式退场。

❺ **添加退场效果**:首先选择位于右上方的文本框。然后给该对象添加名为**缩放**的退出效果。使用相同的方式,给其他几个对象也添加名为**缩放**的退出效果。将动画的开始方式设置为**从上一项之后**,当上一个动画结束之后立即播放这个动画,如图 5 - 1 - 29 所示。

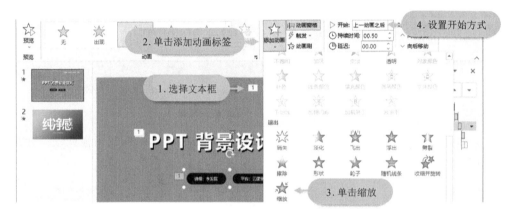

图 5 - 1 - 29 添加退场效果

❻ **复制动画**:双击**高级**命令组中的**动画刷**工具,然后依次给位于下方的形状和标题文本框添加相同的退场动画,如图 5 - 1 - 30 所示。

图 5 - 1 - 30 复制动画

❼ **放映幻灯片**：这样就给幻灯片中的所有对象添加了进入、强调和退出的动画效果。单击 PowerPoint 底部的**幻灯片放映**图标☑，开始播放幻灯片各对象的进入动画，以及标题文字的强调动画，如图 5 - 1 - 31 所示。

图 5 - 1 - 31　放映幻灯片

❽ **播放退场动画**：在屏幕任意位置单击播放各对象的退场动画，如图 5 - 1 - 32 所示。

图 5 - 1 - 32　播放退场动画

 ## 5.2　幻灯片精美动画案例

 精美的 PPT 动画，的确会赋予 PPT 更清晰的逻辑、更帅气的画面和更专业的形象。不过前面咱们做的都是单个幻灯片页面的动画效果，如何让前后两张幻灯片以动画的方式切换呢？

默认情况下，两个幻灯片是直接切换显示的，看起来非常生硬，这时我们可以设置幻灯片的**切换**效果。切换功能是 **PowerPoint** 在幻灯片放映期间，从一张幻灯片切换到下一张幻灯片的动态方式。

PowerPoint 为我们提供了 50 多种不同的切换方式。我们可以让幻灯片切换时淡入淡出、相互融合、像百叶窗一样打开，或者像轮子上的辐条一样旋转。

切换选项卡由三个命令组组成，如图 5 - 2 - 1 所示。

图 5 - 2 - 1   添加切换效果

● **预览**：该组包括一个预览控件，它可以显示为幻灯片选择的切换效果的预览。

● **切换到此幻灯片**：此命令组可让您选择前后两张幻灯片切换时的过渡效果。

● **定时**：此命令组允许您设置影响切换效果的选项，例如切换发生的速度，以及它是由鼠标单击触发，还是在时间延迟后自动触发。

5.2.1   制作一组企业年终抽奖动画

老师，眼看年终快到了，领导让我做个员工抽奖动画，以幸运大转盘的方式选出一些幸运员工。这个任务可以借用 PowerPoint 完成吗？

很多公司都有年终抽奖的节目，PowerPoint 可以实现这项功能的。

实现抽奖动画的关键有三点：设置幻灯片放映模式为自动换片；将换片时间设置为 0，即可实现员工的快速切换；单击鼠标右键，幻灯片放映暂停时，当前显示的员工即为幸运员工。

❶ **创建母版**：由于要创建多张幻灯片，并且这些幻灯片具有相同的风格，因此我们可以创建幻灯片共用的版式。单击**视图**标签，显示视图功能面板。单击**幻灯片母版**命令，进入幻灯片母版编辑界面。删除默认版式中的所有占位符，如图 5 - 2 - 2 所示。

❷ **设置版式背景**：接着来设置版式的背景，在幻灯片空白处单击鼠标右键，打开右键菜单。选择**设置背景格式**命令，显示设置背景格式窗格。单击**颜色**下拉箭头，打开颜色拾取面板。单击**其他颜色**命令，打开颜色设置窗口。在颜色数值输入框里，输入深红色的颜色数值♯A5300F。然后**单击确定**按钮，完成颜色的设置。

❸ **绘制矩形**：打开**开始**选项卡，单击**形状**命令，选择**矩形**工具以绘制一个矩形，作为抽奖界面的背景，如图 5 - 2 - 3 所示。

❹ **设置矩形样式**：接着来设置矩形的填充颜色。单击**形状填充**下拉箭头，打开形状填充菜单。选择**纹理**作为图案，以平铺的方式填充整个矩形。

❺ **制作标题**：打开**开始**标签，单击**形状**命令，选择**文本框**工具以绘制一个文本框。然后在光标位置输入文字内容：**年终大乐透**，如图 5 - 2 - 4 所示。

❻ **设置标题样式**：在**字号**输入框里输入 60，以增加文字的尺寸。单击**文字居中**图标，将所选文字居中对齐。单击**加粗**图标，使所选文字加粗显示。

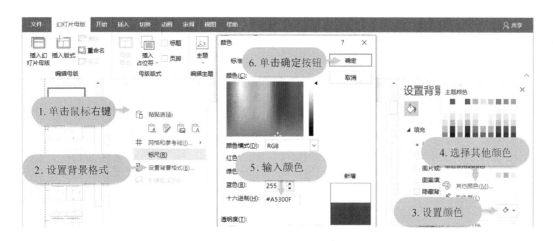

图 5 - 2 - 2　创建母版

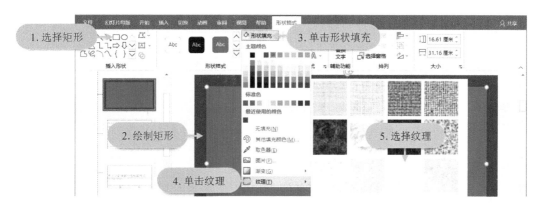

图 5 - 2 - 3　绘制矩形

图 5 - 2 - 4　制作标题

接着添加一个占位符,用来显示员工的姓名。由于员工的姓名是变化的,所以需要使用占位符来制作,而不能使用文本框。

❼ **添加员工姓名占位符**:单击**视图**标签,显示视图功能面板。单击**幻灯片母版**标签,显示幻灯片母版功能面板。然后在标题的下方绘制一个占位符,用来输入需要抽奖的员工姓名,如图 5 - 2 - 5 所示。

❽ **设置占位符样式**:删除占位符中的预设文字。单击**开始**标签,显示开始功能面板。单

击**项目符号**图标,取消文字左侧的项目符号。在**字号**输入框里输入112,以增加文字的尺寸。单击**文字居中**图标,将所选文字居中对齐。接着将文字的字体修改为**华文琥珀**,以增加文字的厚度。

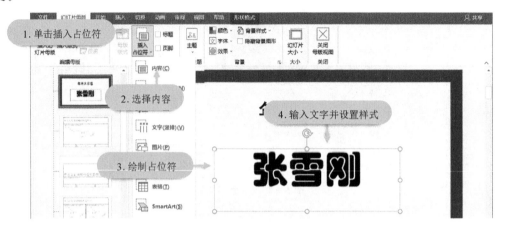

图 5 - 2 - 5　添加员工姓名占位符

❾ **返回普通视图**:单击**幻灯片母版**标签,显示幻灯片母版功能面板。这样就完成了母版的设计,单击**关闭母版视图**命令,退出母版编辑界面。

现在将当前幻灯片的版式修改为刚刚创建的版式。

❿ **修改版式**:单击**开始**标签,显示开始功能面板。单击**版式**命令,打开版式面板。选择刚刚创建的版式,以修改当前幻灯片的版式。修改文本框里的姓名。

⓫ **根据版式新建幻灯片**:然后再使用同样的版式,创建一个新的幻灯片。修改文本框中的姓名。使用相同的方式,继续创建多张相同版式的幻灯片,并修改它们的姓名,直到包含所有需要抽奖的员工为止,如图 5 - 2 - 6 所示。

图 5 - 2 - 6　根据版式新建幻灯片

接着给这些幻灯片设置切换效果。

⓬ **添加切换效果**:在 PowerPoint 界面左侧的幻灯片窗格中选中所有幻灯片的缩略图。单击**切换**标签,打开切换功能面板。单击**切换效果**下拉箭头,查看更多的切换效果。选择**切入**

选项。选中**设置自动换片时间**复选框,将幻灯片的切换时间设置为 0 s,这样幻灯片就可以快速切换了,如图 5 - 2 - 7 所示。

图 5 - 2 - 7　添加切换效果

　您可以使用键盘快捷键 **Alt十k** 导航到**切换**选项卡。
然后使用键盘快捷键 **Alt十t** 展开**切换效果**面板。

接着再来设置幻灯片的播放属性,使演示文稿中的所有幻灯片可以循环放映。

⓭ **设置放映方式**:单击**幻灯片放映**标签,打开幻灯片放映功能面板。单击**设置幻灯片放映**命令,打开设置放映方式窗口。选中**循环放映,按 Esc 键终止**复选框,使幻灯片可以循环放映,直到按下 **Esc** 键为止。单击**确定**按钮完成放映的设置,如图 5 - 2 - 8 所示。

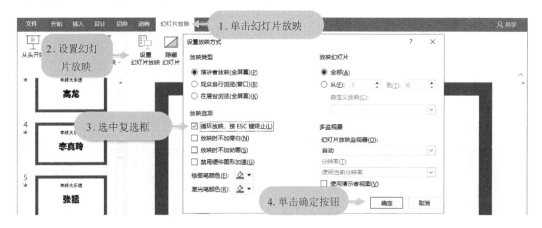

图 5 - 2 - 8　设置放映方式

⓮ **放映幻灯片**:单击**幻灯片放映**功能面板左侧的**从头开始**命令,开始幻灯片的放映。此时多张幻灯片快速切换,当要抽奖时,只需按下键盘上的 **Esc** 键,或者按下鼠标右键。幻灯片立即停止放映,此时显示的员工即为中奖员工,如图 5 - 2 - 9 所示。

年终大乐透	年终大乐透	年终大乐透	年终大乐透
杨绿成	肖华	张猛	张雪刚
年终大乐透	年终大乐透	年终大乐透	年终大乐透
李真玲	肖华	杨绿成	高龙

图 5 - 2 - 9　年终抽奖动画

5.2.2　制作一组漂亮的开幕动画

你将在本小节制作开幕动画,开幕动画主要应用于节庆活动、纪念活动、典礼仪式等场合。以开幕效果开场的演讲,总是会起到瞬间吸引眼球的效果!

❶ **插入幕布图片**:在制作开幕动画之前,首先插入一张幕布图片,注意幕布图片需要和幻灯片尺寸相同,或具有相同的宽高比,然后缩放图片以撑满整张幻灯片,如图 5-2-10 所示。

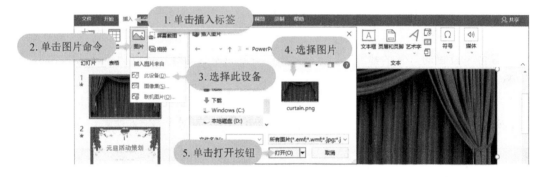

图 5-2-10　插入幕布图片

❷ **制作开幕动画**:开幕动画的制作非常简单,单击**切换**标签。然后单击切换效果下拉箭头,查看更多的切换效果。在**华丽**类型列表中,选择**帘式**选项,如图 5-2-11 所示。

❸ **放映幻灯片**:单击幻灯片编号下方的星星图标 ★,预览幻灯片的动画效果。

图 5-2-11　开幕动画

5.2.3　创作一组大气、华丽的卷轴动画

本小节带你制作华丽、大气的卷轴动画。通过卷轴的展开,逐渐显示出王羲之的被称为"天下第一行书"的"兰亭序"。

❶ **插入图片素材**：单击**插入**标签。单击**图片**命令，打开图片来源列表。选择**此设备**命令，往幻灯片中插入一张卷轴图片和一张"兰亭序"书法图片，如图 5-2-12 所示。

❷ **调整图片**：根据幻灯片的尺寸，缩小两张图片的尺寸到如图 5-2-12 所示的效果，书法图片的高度要小于卷轴。移动书法图片，使它和卷轴图片保持水平居中对齐。

❸ **复制卷轴**：接着以复制的方式创建另外一个卷轴。在按下 **Ctrl** 键的同时，向右侧拖动以复制该对象。将图片进行水平翻转，如图 5-2-12 所示。

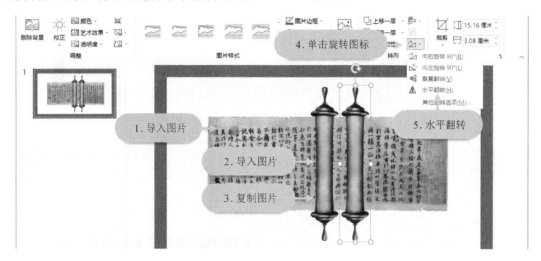

图 5-2-12　插入图片素材

❹ **将两个卷轴在组**：同时选择两个卷轴。使用键盘上的快捷键 **Ctrl＋g**，将所选对象组合成一个对象，目的是方便使两个卷轴以整体的方式，处于版面的中心位置。

❺ **移动两个卷轴**：单击**对齐对象**下拉箭头，打开对齐和分布列表。确保**对齐幻灯片**选项处于选中的状态，然后单击**水平居中**对齐。此时两个卷轴已经处于幻灯片的中心位置，使用 **Ctrl＋Shift＋g** 取消它们的组合状态，如图 5-2-13 所示。

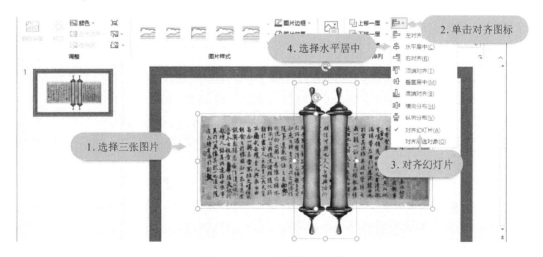

图 5-2-13　移动两个卷轴

❻ **给书法图片添加动画**：接着来给几张图片添加动画效果。首先选择书法图片。单击

动画标签,显示动画功能面板。然后给所选对象添加名为**劈裂**的动画效果。将动画的方向修改为**中央向左右展开**,如图 5-2-14 所示。

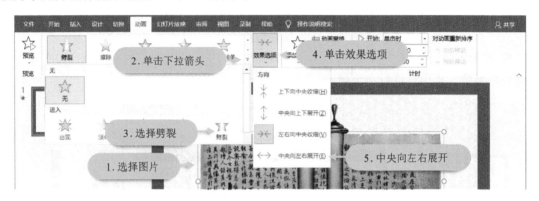

图 5-2-14 给书法图片添加劈裂动画

❼ **给左侧卷轴添加动画:**接着选择左侧的卷轴,给它添加名为**直线**的路径动画效果。向左上方拖动路径上的红色小圆点,设置路径动画的结束位置,如图 5-2-15 所示。

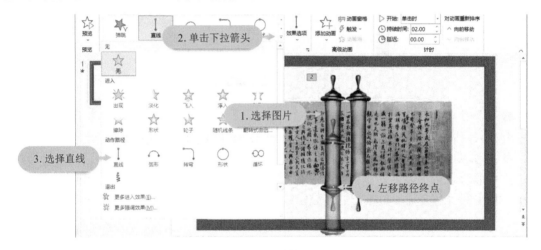

图 5-2-15 给左侧卷轴添加路径动画

❽ **给右侧卷轴添加动画:**接着选择右侧的卷轴。也给它添加名为**直线**的路径动画效果。向右上方拖动路径上的红色小圆点,设置路径动画的结束位置,如图 5-2-16 所示。

❾ **修改动画开始方式:**选择右侧卷轴。单击**动画窗格**命令,打开动画窗格。单击对象名称右侧的下拉箭头,打开动画功能菜单。将动画的开始方式设置为**从上一项开始**,这样可以让两个卷轴同时向相反的方向滑动。

❿ **设置动画时长:**接着来设置动画的时长。单击**期间**下拉箭头,显示动画时长列表。选择列表中的**非常慢速**选项,将动画时长设置为 5 s。单击**确定**按钮,完成动画时长的设置。以同样的方式,设置左侧卷轴的动画属性,如图 5-2-17 所示。

⓫ **放映幻灯片:**单击幻灯片编号下方的星星图标★,预览幻灯片的动画效果,如图 5-2-18 所示。

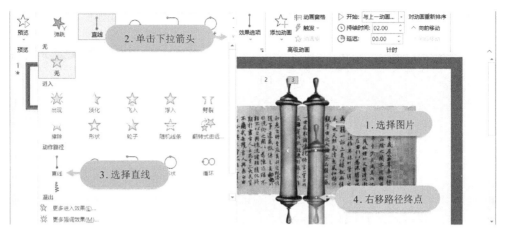

图 5-2-16　给右侧卷轴添加路径动画

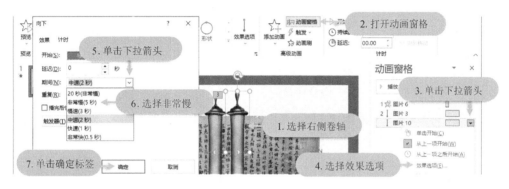

图 5-2-17　设置动画时长

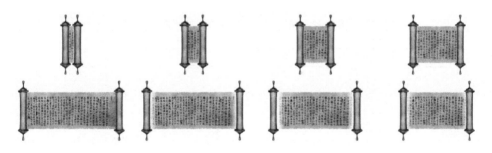

图 5-2-18　卷轴动画

5.2.4　制作一组漂亮的翻页动画

翻页动画是一种很常见的幻灯片切换效果,它可以模拟看书时拖动翻转到下一页的视觉效果。

❶ 设置首页幻灯片切换效果:首先单击**切换**标签,打开切换功能面板。单击**切换**下拉箭

头,显示更多的切换效果。在**细微类型**的切换列表中,选择**闪光**选项,如图 5-2-19 所示。

图 5-2-19　设置首页幻灯片切换效果

❷ **设置其他幻灯片切换效果**:现在给其他的幻灯片设置页面卷曲的切换效果,选择第二张到最后一张的帮助幻灯片。单击**切换效果**下拉箭头,显示更多的切换效果。在**华丽**类型的切换效果列表中选择**页面卷曲**选项,如图 5-2-20 所示。

图 5-2-20　设置页面卷曲切换效果

❸ **放映幻灯片**:这样就快速实现了翻页动画,最终效果如图 5-2-21 所示。

图 5-2-21　放映幻灯片

5.2.5 使两张幻灯片中的图片进行平滑切换

 老师,这些幻灯片切换效果的确很漂亮。可是如果我想指定前一张幻灯片的某个对象,与后一张幻灯片的某个对象进行动画切换,这种效果可以实现吗?

这是完全可以的,小王!PowerPoint 提供了一种称为平滑的特殊切换效果,它可以神奇地将元素(例如文字或形状)从一张幻灯片重新排列到下一张幻灯片。

当切换中的前后两张幻灯片包含一个或多个相同类型的元素时,平滑过渡的效果最佳。两张幻灯片不同类型的元素将淡入或淡出。

本小节演示在幻灯片切换时,如何使如图 5-2-22 中的两张幻灯片中的图片进行平滑地切换。首先打开示例幻灯片,然后给幻灯片添加切换效果。

图 5-2-22   两张幻灯片各有一图片素材

❶ **添加平滑切换**:单击**切换**标签。在切换效果列表中选择**平滑**选项。

❷ **放映幻灯片**:单击幻灯片编号下方的星星图标★,预览幻灯片的切换效果。您会发现两张幻灯片中的图片之间并没有平滑切换,这是因为其不支持图片之间的平滑切换。

现在来更换一下显示图片的方式,首先删除原有的图片,然后通过绘制矩形并设置矩形的填充方式来显示图片素材。

❸ **绘制矩形**:在**插入形状**面板中选择**矩形**工具,在原来图片的位置绘制一个矩形,如图 5-2-23 所示。

❹ **使用图片填充矩形**:单击**形状填充**下拉箭头。单击**图片**命令,选择一张图片来填充整个矩形。这样位于矩形内部的图片就可以平滑切换到另一张图片了,如图 5-2-24 所示。

使用相同的方式,将另一张幻灯片中的图片也修改为矩形填充的样式,如图 5-2-23 所示。

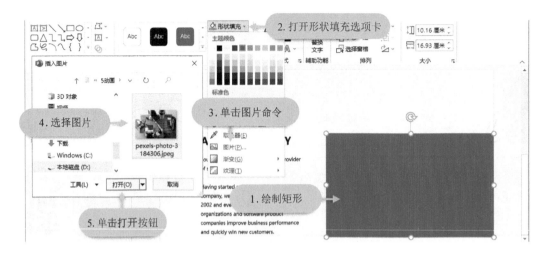

图 5 - 2 - 23　绘制矩形

❺ 修改图片颜色：通过**颜色**命令清除图片的颜色饱和度，从而使图片形成灰度的效果。使用相同的方式，将另一张幻灯片的图片也修改为灰度样式。

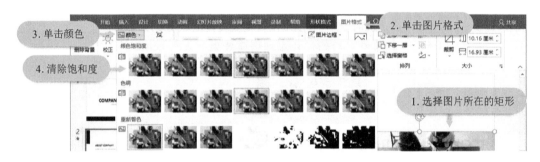

图 5 - 2 - 24　使用图片填充矩形

❻ 添加切换效果：现在来修改文字内容的切换效果。单击**切换**标签，打开切换功能面板。单击**效果选项**命令，显示效果选项列表。选择列表中的**字符**选项，这样两张幻灯片中的相同的字符，就可以进行平滑的切换了，如图 5 - 2 - 25 所示。

图 5 - 2 - 25　两张图片的平滑切换

❼ 放映幻灯片：单击幻灯片编号下方的星星图标★，预览幻灯片的切换效果。从最终的结果可以看出，两张图片已经可以平滑切换了。

您可以将平滑切换应用到幻灯片,以在文本、形状、图片、SmartArt 图形和艺术字等各种对象中创建平滑切换的效果,但平滑切换并不支持图表对象。

5.2.6　制作蛋白质在管理生命活动中的核心作用的 PPT 一

氨基酸可以形成蛋白质,蛋白质在管理生命活动中发挥核心作用。小王,你将在本小节制作一份有关蛋白质的演示文稿。

本小节示例幻灯片已经包含四个拐角图形和一个文本框。

❶ **复制幻灯片**:现在通过复制的方式生成第二张幻灯片。在第一张幻灯片上单击鼠标右键。选择**复制幻灯片**命令,复制第一张幻灯片,如图 5－2－26 所示。

❷ **编辑新的幻灯片**:现在来调整第二张幻灯片的布局,将左上角的拐角图形移到幻灯片的左上角。使用相同的方式,将其他三个拐角图形移到幻灯片另外三个角落。

图 5－2－26　复制幻灯片(一)

❸ **修改文本框**:接着选择并编辑文本框。将所选文字的字号设置为 **24**,以统一这些文字的尺寸。然后将所选文字的行距设置为 **1.0**,以恢复文字的行距。将文文本框移到版面的顶部,如图 5－2－27 所示。

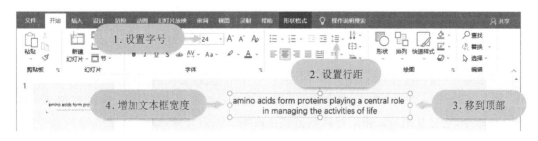

图 5－2－27　修改文本框

❹ **插入图片**：单击**插入**选项卡，显示插入功能面板。单击**图片**命令，打开图片来源列表。选择**此设备**命令，往幻灯片中插入一张图片素材，用来描述蛋白质在生命活动中的作用。

❺ **增长图片尺寸**：单击**图片格式**标签，显示图片格式功能面板。在**宽度**输入框里输入 31 cm，以增加图片的尺寸，如图 5 - 2 - 28 所示。

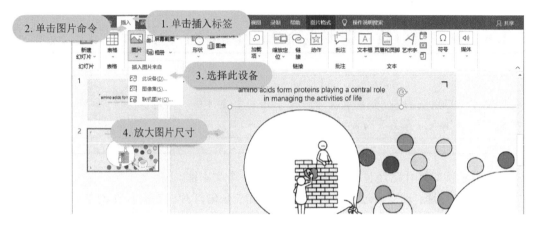

图 5 - 2 - 28　插入图片

❻ **绘制文本框**：接着来绘制一个文本框，以显示蛋白质的三大核心作用。打开**开始**选项卡，单击**形状**命令，选择**文本框**工具，以绘制一个文本框。然后输入文字内容：**to build and re-paire body**（建立和修复身体），如图 5 - 2 - 29 所示。

❼ **设置文字样式**：在**字号**输入框里输入 **32**，以增加文字的尺寸。设置所选文字的字体。单击**加粗**图标。调整文本框的宽度，使文字位于白色区域之内。

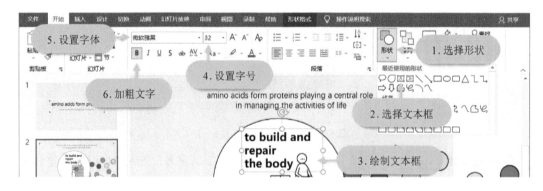

图 5 - 2 - 29　绘制文本框

5.2.7　制作蛋白质在管理生命活动中的核心作用的 PPT 二

本小节继续《蛋白质在管理生命活动中的核心作用》演示文稿的制作。

❶ **复制幻灯片**：首先在第二张幻灯片中单击鼠标右键，打开右键菜单。选择菜单中的复制幻灯片命令，通过复制第二张幻灯片的方式生成第三张幻灯片，如图 5 - 2 - 30 所示。

❷ **移动图片**：将第三张幻灯片中的图片移到版面的左侧。

❸ **编辑文本框**：将内容修改为：to regulate and maitain the body(调节和维持身体)。单击文字居中图标,将文字居中对齐。

❹ **修改标题文本框**：接着选择并编辑顶部的标题文字,缩短文本框的宽度。将文本框移到图片的右侧。

图 5 - 2 - 30　复制幻灯片二

❺ **复制幻灯片**：首先在第三张幻灯片中单击鼠标右键,打开右键菜单。选择菜单中的复制幻灯片命令,创建第四张幻灯片,如图 5 - 2 - 31 所示。

❻ **移动图片**：将第四张幻灯片中的图片移到版面的右侧。

❼ **编辑文本框**：将文本框的内容修改为：to give the energy to the body(给身体提供能量),如图 5 - 2 - 31 所示。

❽ **移动标题文本框**：将标题文本框移到图片的左侧。

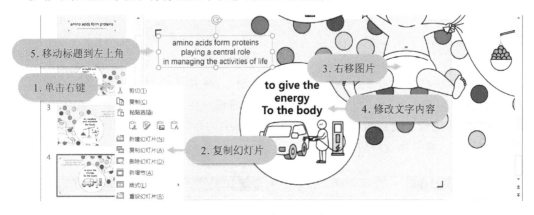

图 5 - 2 - 31　复制幻灯片三

❾ **复制幻灯片**：首先在第四张幻灯片中单击鼠标右键,打开右键菜单。选择复制幻灯片命令,通过复制方式生成最后一张幻灯片,如图 5 - 2 - 32 所示。

从第二张幻灯片到第四张幻灯片,依次显示了蛋白质对人体的三大作用,最后一张幻灯片需要同时显示这三大作用的内容。

❿ **编辑幻灯片**：同时选择图片和文本框。缩小选择的图片和文本框,以在一张幻灯片中的显示所有内容。将所选对象移到幻灯片的中心位置。将文字的字号设置为 16,以缩小文字

的尺寸。

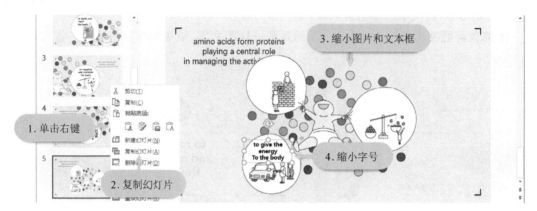

图 5 - 2 - 32 复制幻灯片(三)

⓫ 复制文本框：打开第三张幻灯片，复制第三张幻灯片中的用来描述图片内容的文本框。返回第五张幻灯片，将复制的文本框粘贴到第五张幻灯片。将文字的字号设置为 16。将文本框移到第五张幻灯片的图片左上角的白色区域。使用相同的方式，将第二张幻灯片里的文本框也复制到第五张幻灯片，并放在图片右上角的白色区域，如图 5 - 2 - 33 所示。

图 5 - 2 - 33 复制文本框

⓬ 添加切换效果：这样就完成了演示文稿的制作，现在来给幻灯片添加切换效果，首先选择第二张幻灯片。单击**切换**标签，打开切换功能面板。在切换效果列表中选择**平滑**选项。然后将平滑效果的选项设置为**字符**，这样两张幻灯片中的相同字符就可以平滑切换了。单击**应用到全部**命令，将切换效果应用到所有幻灯片，如图 5 - 2 - 34 所示。

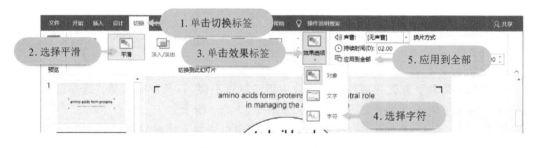

图 5 - 2 - 34 添加切换效果

⓭ 放映幻灯片：单击**幻灯片放映**标签，打开幻灯片放映功能面板。单击**从头开始**命令，从第一张幻灯片开始放映整个演示文稿。此时进入全屏放映模式，在任意位置单击，进入下一

张幻灯片。

　　此时两张幻灯片中的文字和图片都进行了平滑的切换,如图 5 - 2 - 35 所示(扫码观看完整的动画效果)。

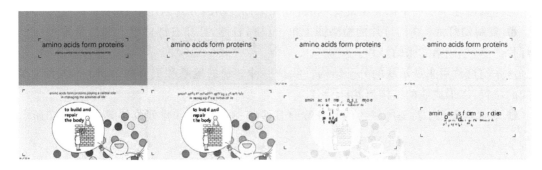

图 5 - 2 - 35　蛋白质在管理生命活动中的核心作用动画

5.2.8　制作氨基酸到肽,以及从肽到蛋白质的演变 PPT 一

你将在本小节制作一份演示文稿,该演示文稿通过平滑切换效果,动态演示从氨基酸到肽,再从肽到蛋白质的演变过程。

　　　肽是介于氨基酸与蛋白质之间的一种生化物质,它比蛋白质分子量小,比氨基酸分子量大,是一个蛋白质的片段。

❶ **绘制氨基酸**:打开**开始**选项卡,单击**形状**命令,选择**椭圆**工具绘制一个圆形,作为一个单位的氨基酸。将圆形的填充颜色修改为蓝色,如图 5 - 2 - 36 所示。

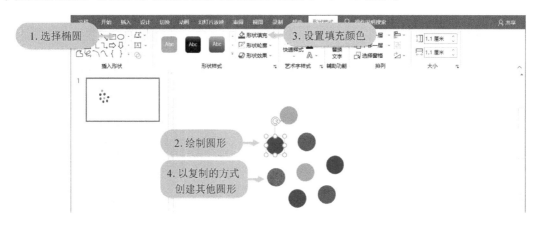

图 5 - 2 - 36　绘制氨基酸

组成蛋白质的氨基酸有 20 种,现在以复制的方式生成更多单位的氨基酸。

❷ **复制氨基酸**：首先按下键盘上的 **Ctrl** 键。在按下该键的同时，向下方拖动圆形以复制该对象。使用相同的方式，生成更多的氨基酸。接着来修改这些圆形的颜色，不同颜色的圆形，代表了不同类型的氨基酸。

这样就创建了一些不同类型的氨基酸，现在来以复制的方式创建新的幻灯片。

❸ **复制幻灯片**：在幻灯片的缩略图上单击鼠标右键，打开右键菜单。选择菜单中的复制幻灯片命令，生成第二张幻灯片。

这张幻灯片用来展示肽的分子结构。肽是一种链状的氨基酸聚合物，我们来移动这些氨基酸的位置，以形成肽的结构形状。

❹ **移动氨基酸**：将不同颜色的氨基酸向右移动一段距离，并排列成如图 5 - 2 - 37 所示的样式。

图 5 - 2 - 37　移动氨基酸

 氨基酸通过脱水缩合连成肽链，所以生物学家又将肽称为氨基酸链。现在来绘制肽链。

❺ **绘制肽链**：打开**开始**选项卡，单击**形状**命令，选择曲线**工具**，以绘制一条曲线。在所有氨基酸的上方单击，作为线条的起点。继续单击，添加线条上的其他的顶点。按下键盘上的**回车键**，完成肽链的绘制，如图 5 - 2 - 38 所示。

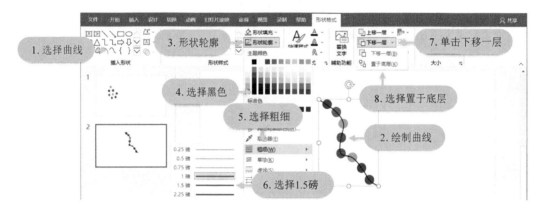

图 5 - 2 - 38　绘制肽链

❻ **修改肽链接样式**：将线条的轮廓粗细设置为 **1.5** 磅，以增加线条的粗细程度。继续将

线条的颜色设置为黑色。通过**置于底层**命令,将线条移到所有圆形的下方。

5.2.9 制作氨基酸到肽,以及从肽到蛋白质的演变 PPT 二

蛋白质分子是由 m 个氨基酸,n 条肽链组成的。
现在继续演示文稿的制作,你将在本小节完成蛋白质结构的绘制。首先以复制的方式,生成第三张幻灯片。

❶ **复制幻灯片**:在第二张幻灯片的缩略图上单击鼠标右键,打开右键菜单。选择菜单中的**复制幻灯片**命令,生成第三张幻灯片。
❷ **移动氨基酸**:将不同颜色的氨基酸向右移动一段距离,并排列成如图 5 - 2 - 39 所示的样式,以形成蛋白质分子的结构。

图 5 - 2 - 39 移动氨基酸

❸ **删除肽链**:接着选择并删除代表肽链的线条。

蛋白质是分子量很大的多肽,习惯上将分子质量在一万以内的肽称为多肽,一万以上称为蛋白质。因此我们还需要制作更多的氨基酸。

❹ **复制氨基酸**:首先选择一个圆形,按下键盘上的 **Ctrl** 键。在按下该键的同时,向左侧拖动以复制该对象。使用相同的方式,创建更多的氨基酸,如图 5 - 2 - 40 所示。

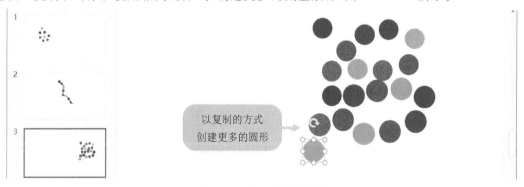

图 5 - 2 - 40 复制氨基酸

这样就完成了蛋白质分子结构的绘制，接着还需要在这些氨基酸中添加肽链。蛋白质分子中的肽链并非直链状，而是按一定的规律卷曲或折叠而形成特定的空间结构，因此需要绘制一条卷曲的线条。

❺ **绘制肽链**：打开**开始**选项卡，单击**形状**命令，选择曲线**工具**以绘制一条曲线。在所有氨基酸的上方单击，作为线条的起点。继续在其他氨基酸的内部单击，以绘制一条卷曲的线条。按下键盘上的回车键，完成肽链的绘制，如图 5 - 2 - 41 所示。

❻ **设置肽链样式**：将线条的轮廓粗细设置为 **1.5** 磅，以增加线条的粗细程度。继续将线条的颜色设置为**黑色**。接着通过**下移一层**命令，将肽链移到所有氨基酸的下方。

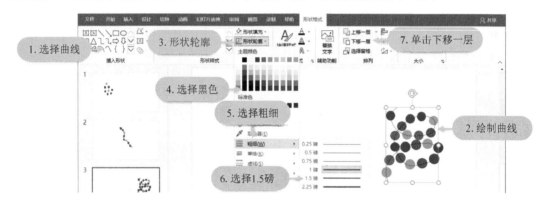

图 5 - 2 - 41　绘制肽链

5.2.10　制作氨基酸到肽，以及从肽到蛋白质的演变 PPT 三

你已经完成了氨基酸、肽和蛋白质的结构图，现在来制作从氨基酸到肽，再从肽到蛋白质的演变动画。首先在结构图的下方绘制文本框。

❶ **绘制文本框**：打开**开始**选项卡，单击**形状**命令，选择**文本框**工具以绘制一个文本框。然后在光标位置输入 **Protein**(蛋白质)，制作过程如图 5 - 2 - 42 所示。

❷ **设置文字样式**：单击**文字居右**图标，将文字居右对齐。将所选文字的字号设置为 26，以增加文字的尺寸。

❸ **复制文本框**：使用键盘上的快捷键 **Ctrl＋c**，复制这个文本框。然后打开第二张幻灯片。使用键盘上的快捷键 **Ctrl＋v**，粘贴之前复制的文本框。

❹ **编辑文本框**：向左侧拖动文本框，使文本框位于肽图形的正下方。将文本框里的内容修改为 **Peptide**(肽)。使用相同的方式，将文本框复制到第一张幻灯片，并将内容修改为 **Amino Acid**(氨基酸)。

❺ **复制肽链**：为了使肽链在幻灯片切换过程中不显得突兀，将第二张幻灯片中的肽链复制到第一张幻灯片中。缩小这条肽链的尺寸。将线条移到氨基酸的中心位置。接着将轮廓颜

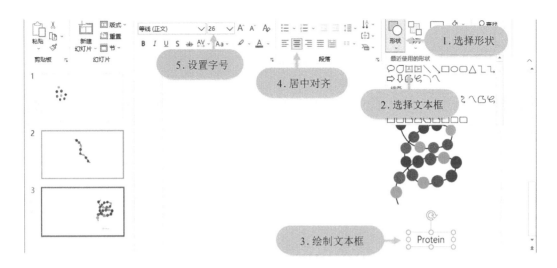

图 5 - 2 - 42　制作标题文字

色修改为白色，使它在第一张幻灯片处于不可见的状态，如图 5 - 2 - 43 所示。

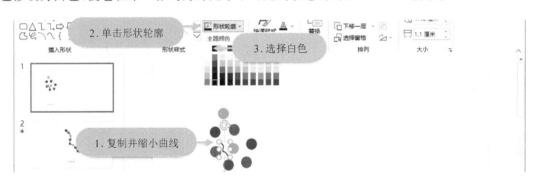

图 5 - 2 - 43　复制肽链

❻ 添加切换效果：选择第二张幻灯片。单击**切换**标签，打开切换功能面板。在切换效果列表中，选择**平滑**选项。然后将切换效果修改为**字符**，使相邻幻灯片中的相同的字符可以平滑切换。给第三张幻灯片也添加相同的切换效果，如图 5 - 2 - 44 所示。

图 5 - 2 - 44　添加切换效果

❼ 放映幻灯片：首先选择第一张幻灯片。单击 PowerPoint 底部的**幻灯片放映图标**，观察幻灯片的放映。此时动态显示了从氨基酸到肽的演变过程，如图 5 - 2 - 45 所示。

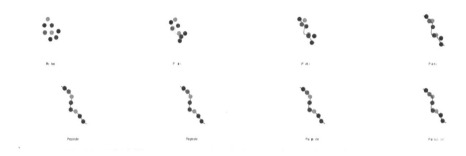

图 5-2-45　氨基酸到肽的演变动画

❽ **进入第三页**：在第二页幻灯片上单击，即可进入第三张幻灯片。此时动态显示了从肽到蛋白质的演变过程，如图 5-2-46 所示。

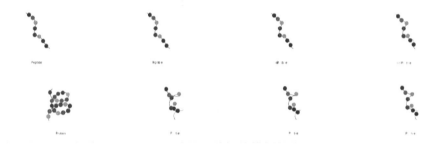

图 5-2-46　肽到蛋白质的演变动画

5.3　幻灯片中的音频和视频

老师，使用动画的确让 PPT 增色不少，请问可以在 PPT 中添加音乐和视频吗？

当然可以！视频可以帮助 PPT 提供清晰的方向，而生动的音频可以增强观众的兴趣。通过结合这些动态效果，你可以抓住并保持观众的注意力，使你的演讲以令人难忘的方式进行。

5.3.1　如何往幻灯片中添加声音和录制声音

PowerPoint 不仅可以创建包含文本和图片的幻灯片，还可以创建包含声音甚至电影的幻灯片。你可以添加声音效果，例如清脆的笑声、欢快的掌声，让枯燥的演讲变得生动起来。

本小节演示如何往幻灯片中添加声音素材,以及如何录制声音。

❶ **插入音乐**:首先单击**插入**标签,显示插入功能面板。单击**媒体**下拉箭头,打开媒体选项列表。选择列表中的**音频**命令,显示音频命令列表。选择列表中的电脑上的**音频**命令,打开插入音频窗口。在文件夹中找到所需的音频文件,然后选择该文件。单击**插入**按钮,将所选音频插入到幻灯片,如图 5-3-1 所示。

图 5-3-1 插入音乐

❷ **设置音频**:将音频图标移到幻灯片的右上角,避免遮挡幻灯片的主要内容。单击音频控制面板右侧的**音量**图标,可以设置音频的声量。单击**播放**图标可以播放该音频。单击**暂停**图标,暂停音频的播放,如图 5-3-2 所示。

❸ **设置音频开始方式**:单击**开始**下拉箭头,显示音频开始方式列表。选择**自动**选项,当幻灯片放映时自动播放该音频。

❹ **设置音频播放方式**:选中**跨幻灯片播放**复选框,使音频跨越多张幻灯片播放。单击**在后台播放**命令,则音频在幻灯片放映时自动播放,并且还可以使音频跨越多张幻灯片播放。

图 5-3-2 设置音频

如果音频的持续时间过长,还可以对音频进行剪裁。

❺ **剪裁音频**:单击编辑命令组中的**剪裁音频**命令,打开剪裁音频设置窗口。在音轨上的红色滑块上按下,并向左侧拖动,可以调整音频结束的位置。单击**确定**按钮,完成音频的剪裁,如图 5-3-3 所示。

您也可以直接从 PowerPoint 录制声音,但您需要一个麦克风。

❻ **录制音频**:单击**插入**标签,显示插入功能面板。单击**媒体**下拉箭头,打开媒体选项列

图 5 - 3 - 3　剪裁音频

表。选择列表中的**音频**命令,显示音频命令列表。选择**录制音频**命令,打开录制声音窗口。在**名称**输入框里,为录制的音频命名。单击**录制**图标,可以录制声音。对着电脑麦克风说话,然后单击**停止**图标,结束声音的录制,如图 5 - 3 - 4 所示。

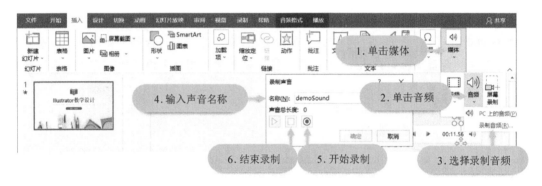

图 5 - 3 - 4　录制音频

❼ **导出音频文件**:如果需要将录制的音频导出为文件,可以在**音频**图标上单击鼠标右键。选择**将媒体另存为**命令,打开另存为窗口。在**文件名**输入框里,输入文件的名称。然后单击**保存**按钮,将音频保存为指定的文件,如图 5 - 3 - 5 所示。

图 5 - 3 - 5　导出音频文件

5.3.2   如何在幻灯片中播放视频文件

有时,确保观众理解你的信息的最佳方式是播放视频。
如果你的公司开发了一个简短的广告视频,那么将视频包含在演示文稿中会
更有意义。

将视频包含在有关营销计划的演示文稿中,比尝试使用图片来描述它更有意
义。为了省去在 PPT 和视频播放器之间来回切换的麻烦,你可以将视频嵌入
到 PPT 中,直接在 PPT 中播放视频了。

❶ 插入视频文件:首先单击插入标签,显示插入功能面板。单击媒体下拉箭头。选择列
表中的视频命令。选择此设备命令,打开插入视频窗口。找到所需的视频文件,然后单击插入
按钮,将视频插入到幻灯片,如图 5 - 3 - 6 所示。

要在普通视图中播放影片,请双击影片标签。在幻灯片放映期间,单击即可播
放,如果您将电影设置为自动播放,影片会在显示幻灯片后立即播放。

❷ 设置视频:缩小视频的尺寸,使视频尺寸匹配幻灯片中的电脑图片的尺寸。移动视
频,以和电脑的屏幕右侧对齐。

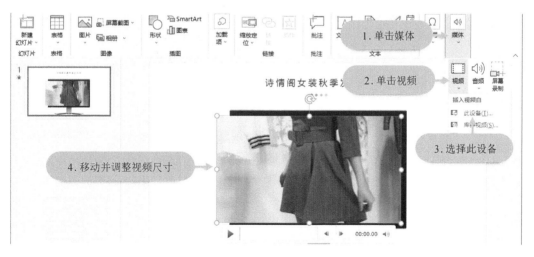

图 5 - 3 - 6   插入视频文件

❸ 裁剪视频:由于视频超出了屏幕的范围,需要裁剪视频。单击视频格式选项卡。单击
大小命令组中的裁剪命令,进入视频裁剪模式。在左侧的裁剪手柄上按下并向右侧拖动,裁剪
视频左侧的区域,使视频刚好可以放在屏幕里,如图 5 - 3 - 7 所示。

❹ 剪裁视频:如果视频的持续时间过长,还可以对视频进行剪裁。单击编辑命令组中的

图 5-3-7　裁剪视频

剪裁视频命令,打开剪裁视频设置窗口。左右拖动在视频轨道上的红色滑块,可以调整视频结束的位置。单击**确定**按钮,完成视频的剪裁,如图 5-3-8 所示。

图 5-3-8　剪裁视频

❺ **放映幻灯片**:单击底部的**幻灯片放映**图标,观察幻灯片的放映效果。此时进入全屏放映模式,在任意位置单击,开始播放视频画面,如图 5-3-9 所示。

图 5-3-9　视频播放效果

选择视频后单击**视频格式**选项卡,此时您会发现可以像给图片应用各种特效一样,给视频应用特殊效果、应用相框、应用效果、更改边框、更改视频形状。

5.3.3　如何寻找和下载视频、音频素材

 老师,音频和视频的确非常美妙,它们让 PPT 变得更有吸引力。可是我该如何寻找合适的音频或视频素材呢?

问得好,小王! 互联网上有不少富有价值的资源网站,它们提供了大量高品质的免费音频和视频素材。我将带你像逛超市一样浏览这些资源网站,同时还会教你如何给 PPT 的文字内容配音。

本小节演示如何寻找和下载视频、音频素材,以及如何将文字转换为音频文件.

❶ **进入 Pixabay**:首先打开浏览器,然后输入素材库网址 **pixabay.com**。单击网页顶部的**探索**链接,打开素材类型面板。选择**视频**选项,显示所有的免费正版高清视频素材,如图 5 - 3 - 10 所示。

图 5 - 3 - 10　Pixabay 网站

❷ **下载视频**:当找到所需的视频之后,单击视频缩略图,进入视频信息页面。单击**免费下载**按钮以显示视频尺寸列表。选择所需的尺寸,然后单击**下载**按钮,下载这个视频素材,如图 5 - 3 - 11 所示。

❸ **查找音频素材**:接着来寻找和下载音频文件,单击顶部的**探索**链接,打开素材类型面板。单击**音乐**链接,显示音频素材库。您可以根据音频名称、作者名称甚至情感类型,来搜索所需的音频素材。单击**背景音乐**按钮,可以查找所有的背景音乐,如图 5 - 3 - 12 所示。

❹ **下载音频素材**:单击音频名称左侧的图标,可以播放该音频素材。当找到所需的音频素材时,单击右侧的**下载**按钮,下载该音频素材,如图 5 - 3 - 13 所示。

图 5 - 3 - 11　下载视频

图 5 - 3 - 12　查找音频素材

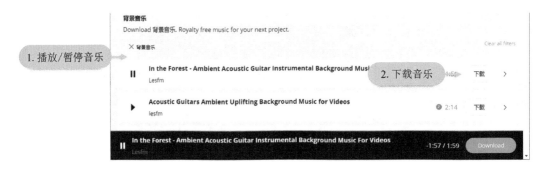

图 5 - 3 - 13　下载音频素材

　　当我们制作幻灯片时,或在制作自媒体视频时,往往需要对画面进行配音,这时可以借助互联网获得配音素材。

　　❺ 配音：进入提供配音服务的网站 **6pian. cn/peiyin. html**,在主播类型列表中,您可以根据主播的性别、风格、人气程度等因素,选择进行配音的主播,如图 5 - 3 - 14 所示。

　　❻ 生成配音：您可以给配音添加背景音乐,在**背景音乐**列表中,选择所需的背景音乐。将配音的语速调快一些。在**配音文案**输入框里输入需要配音的文字内容。如果需要插入停顿,首先将光标移到目标位置。然后选择停顿的时长。单击**提交配音**按钮,以生成音频文件,如图 5 - 3 - 15 所示。

图 5 - 3 - 14　配音

图 5 - 3 - 15　生成配音

 你不用担心收费的问题,配音的费用较低,并且当配音的字数在指定范围内时,配音都是免费的。